Bernd Haberlag, Dietmar Wagener

TERRA

Sicher ins Zentralabitur

Trainingsheft

Ernst Klett Verlag
Stuttgart · Leipzig

Inhaltsverzeichnis

Zur Verwendung dieses Trainingsheftes

Dieses Trainingsheft soll Ihnen bei zweierlei helfen: zum einen beim Schreiben von Klausuren während Ihrer Qualifikationsphase für das Abitur und zum anderen bei der erfolgreichen Bewältigung des Abiturs selbst, sei es im Rahmen einer schriftlichen Klausur oder in der mündlichen Prüfung.
Zwar muss man bedenken, dass trotz der Vereinbarungen der Kultusministerkonferenz (KMK) die Abiturprüfungen in den einzelnen Bundesländern z.T. Unterschiede aufweisen; dennoch gibt dieser Band Hilfestellungen, die davon unabhängig sind. Sie sind für Sie relevant und bedenkenswert, egal wo in Deutschland Ihre Schule liegt.

Abiturklausur. Es mag Sie überraschen, aber grundsätzlich ist die Abiturklausur für Sie nichts Neues. Zu sehr entspricht sie nämlich den Klausuren oder Kursarbeiten, die Sie auch vorher schon bewältigt haben: Unter einem erdkundlichen Oberthema werden Aufgaben gestellt und mit einer Reihe von Materialien verknüpft, die Ihnen vertraut sind: Karte, Diagramm, Tabelle, Text oder Bild. Deren Bearbeitung ist der Schlüssel zum Erfolg und mündet in den von Ihnen verfassten Text, der inhaltlich schlüssig und (fach-)sprachlich korrekt sein soll.
Nicht immer sind alle Materialien zur Lösung erforderlich.
In Niedersachsen sind maximal fünf Materialien in einer Klausur zugelassen, weitere Atlaskarten können allerdings genutzt werden.
Bei den Aufgabenstellungen finden Sie in den Beispielen dieses Trainingsheftes einen ansteigenden Schwierigkeitsgrad vom ersten bis hin zum letzten Arbeitsauftrag, wie es in den meisten Bundesländern vorgeschrieben ist.
Zunächst erhalten Sie grundsätzliche Tipps zur Klausurlösung sowie einen Überblick über die Anforderungsbereiche und Operatoren.

Methoden. Bevor es ans Üben und Trainieren geht, sollten Sie sich Ihrer methodischen Fertigkeiten sicher sein, um die Materialien der Klausuren auch angemessen auswerten zu können.
Jede Klausur dieses Heftes besitzt einen methodischen Schwerpunkt. Dieser wird zu Beginn allgemeingültig vorgestellt. Die klare Schrittigkeit lässt sich anschließend auf alle anderen Themen übertragen und anwenden.

Training. Training heißt Üben. Und damit Ihnen dies möglich ist, finden Sie anschließend acht Beispielklausuren.
Damit Sie anschließend Ihre Leistung einschätzen können, finden Sie zu allen Klausuren die Skizzierung der wichtigsten Lösungsinhalte. Trotz dieser empfiehlt es sich selbstverständlich, die Klausuren selbstständig zu bearbeiten – nur so macht diese Übung Sinn!

Mündliche Prüfung. Etwas anderes als eine Klausur ist die mündliche Abiturprüfung, die insgesamt seltener vorkommt. Sie stellt eine neuere, fremdere Situation dar, in der Sie vor einem Prüfungsausschuss Sachverhalte darlegen und in ein Prüfungsgespräch eingebunden werden. Aber auch hier kann man sagen, dass ein gewisses Training schon vorher im Unterricht stattfand, z.B. beim Referatsvortrag, einer Präsentation oder ähnlichen freien Vorträgen.
Den Schwerpunkt setzt dieses Heft zwar bei den Klausuren bzw. Kursarbeiten, doch finden diejenigen, die es angeht, in diesem Kapitel ausführliche Hinweise und Tipps zur mündlichen Abiturprüfung. Sie sind angebunden an drei konkrete Beispiele und ermöglichen so eine intensive Vorbereitung zur Bewältigung dieser Anforderung.

Begriffe festigen. Da auch die Kenntnis und Anwendung der Fachsprache ein Erfolgsfaktor ist, finden Sie abschließend im Überblick zentrale Fachbegriffe der Geographie thematisch gebündelt und erläutert zum Nachschlagen oder Wiederholen. So können Sie hier die nötige Sicherheit in diesem Bereich erwerben.

Erfolg. Haben Sie diesen Band gründlich durchgearbeitet, kann eigentlich kaum noch etwas schiefgehen – und die von Ihnen erwarteten oder erhofften Punkte müssten möglich sein!

1 Sicher in der Abiturklausur

1.1 Zwölf Tipps zur Lösung einer Klausur

Eine Erdkundeklausur kann man gut mit einem Kriminalfall vergleichen. Es handelt sich dabei immer um einen Untersuchungsraum, den „Tatort". An dem zeigen sich beispielhaft räumliche Probleme oder Konflikte, also der „Fall", den Sie mithilfe von Materialien, den „Indizien" und „Beweisen", aufklären sollen. Dabei ergibt sich eine gute Lösung aber erst aus umfangreichem Vorwissen und exakter „Fahndungsarbeit". Und sie mündet ein in einen vollständigen und verständlichen „Bericht", also Ihre Klausur. Zwölf Tipps sollen Ihnen helfen, diesen Weg erfolgreich zu beschreiten.

1. Verschaffen Sie sich einen Überblick: Themen, Materialien, Aufgabenstellungen.
Sie haben – in den meisten Bundesländern – die „Qual der Wahl" zwischen mehreren Themen, was Ihnen aber auch gleichzeitig die Möglichkeit gibt, in Ruhe zu überlegen, welche Aufgaben und Raumbeispiele am ehesten Ihren Stärken entgegenkommen.
Wenn Sie sich schließlich für ein Thema entschieden haben, sollten Sie die Teilaufgaben genau unter die Lupe nehmen.

2. Beachten Sie die Operatoren.
Bei den Operatoren handelt es sich um Verben, die genau angeben, was von Ihnen verlangt wird. Sie sind drei sogenannten Anforderungsbereichen (I, II, III) zugeordnet, die durch einen ansteigenden Schwierigkeitsgrad gekennzeichnet sind. Alle Anforderungsbereiche müssen in einer Klausur vorkommen, sodass in aller Regel Selbstständigkeit und Abstrahierung von der ersten zur letzten Aufgabe hin zunehmen.
Eine vollständige Übersicht über die Anforderungsbereiche und die zu ihnen gehörenden Operatoren mit Definitionen finden Sie auf der Doppelseite 8/9.

3. Die Struktur der Antwort steckt oft in der Aufgabenstellung – markieren Sie deshalb Schlüsselbegriffe.
Betrachten Sie dazu die Aufgaben und suchen Sie Wörter, die sogenannten Schlüsselbegriffe, die Ihnen die gestellten Anforderungen erschließen. Die Leitfrage heißt also: Welche inhaltlichen Aspekte werden von mir konkret in dieser Aufgabe erwartet?
Ein solches Vorgehen, also Schlüsselbegriffe zu erkennen und kenntlich zu machen, hat nicht nur den Vorteil, dass Sie nun die inhaltlichen Anforderungen, die an Sie gestellt sind, genau kennen. Es hilft auch, Dopplungen zu vermeiden oder alles gleich in die erste Antwort zu stecken. Gleichzeitig erhalten Sie so auch ein mögliches Gliederungsschema für Ihre schriftliche Ausarbeitung:
*Ein Beispiel zur Verdeutlichung (die Schlüsselbegriffe sind fett gedruckt): „Beschreiben Sie die **Standortfaktoren** des **Silicon Valley**."*
Davon leitet sich folgendes Gliederungsschema ab:
1. Lage des Silicon Valley,
2. Standortfaktoren des Silicon Valley.

Diese ersten Schritte sind also Ihr Einstieg in den „Fall", um in der kriminologischen Analogie zu bleiben. Sie haben geklärt, wie der Fall beschaffen ist und welche konkreten Anforderungen er an Sie stellt.
Jetzt können Sie mit der Recherche beginnen, dem Finden und Analysieren von „Indizien" und „Beweisen".

4. Klären Sie die Lage und die relevanten Raumkategorien.
Denken Sie daran, dass die Erdkunde ein raumbezogenes Fach ist – der Raum verdient also eine besondere Aufmerksamkeit. Hier kommt auch der Atlas ins Spiel, gehört er doch zu den klassischen Arbeitsmitteln der Geographie.

Ordnen Sie das Klausurbeispiel räumlich ein und gliedern Sie, soweit das möglich ist, den Raum in Teilräume. Achten Sie bei der Verortung und Benennung auf Klarheit und Genauigkeit.

5. Sichten Sie das Material und ordnen Sie es grob den Teilaufgaben bzw. Teilaspekten zu.

In der Regel kann man davon ausgehen, dass die Anordnung der Materialien im weitesten Sinne der Aufgabenfolge entspricht. Dennoch sollte man sich an die Aufgaben notieren, welche Materialien besonders zur jeweiligen Teilaufgabe passen. Wenn in diesem Hinweis von „grob" die Rede ist, dann bedeutet das aber nicht, dass die anderen Materialien als die aufnotierten aus dem Blick geraten sollten.

Dieses Vorgehen hilft, einem der häufigsten methodischen Fehler von Klausuren vorzubeugen, dem „Materialhangeln", also dem aneinanderreihenden Abarbeiten der Materialien, bei dem man sich von M1 über M2 usw. „durchhangelt", ohne die inneren Zusammenhänge zu erkennen oder sie für den Leser der Klausur deutlich zu machen.

Beispiel:

1. *Beschreiben Sie die Standortfaktoren des Silicon Valley.*
2. *Erläutern Sie den Ausbau des Silicon Valley vor dem Hintergrund des industriellen Strukturwandels der USA nach 1970.*

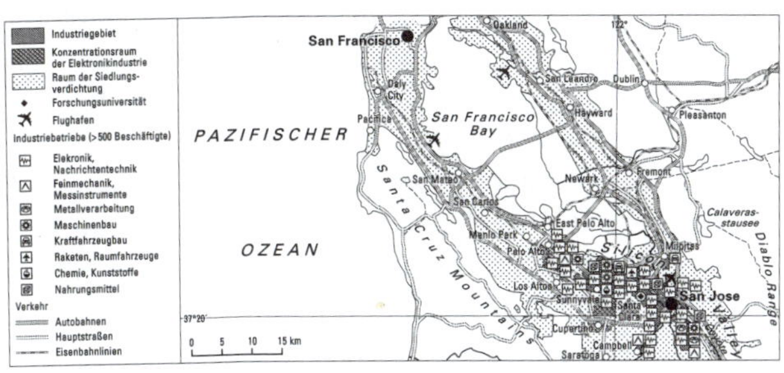

1 Silicon Valley

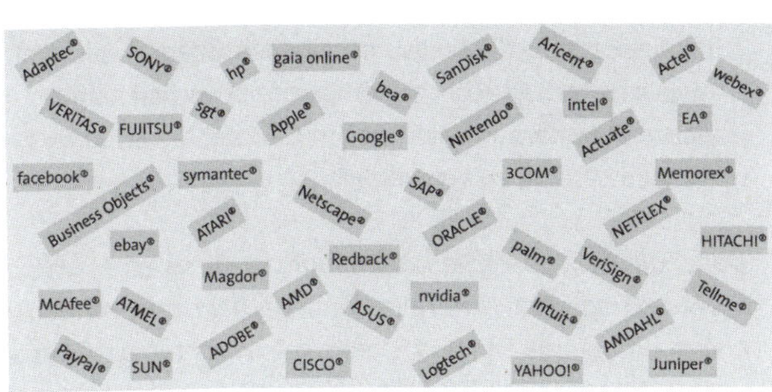

2 Die Firmen des Silicon Valley

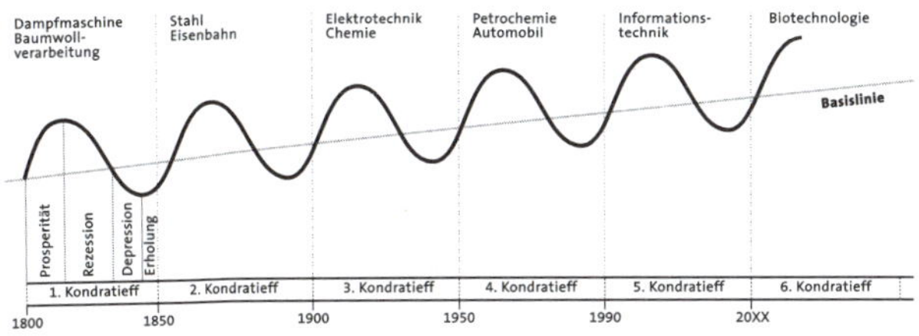

3 Kondratieff-Zyklus

Es dürfte relativ schnell klar sein, dass das Material M1 sowie der Atlas sich auf die Teilaufgabe 1 beziehen und für Teilaufgabe 2 die Materialien M1 bis M3 heranzuziehen sind.

6. Strukturieren Sie die Ihnen zur Verfügung stehende Zeit.

Dies erscheint lästig, geht aber schnell und macht Sinn – wie immer, wenn es einen „Fall" zu lösen gilt, der Zeitrahmen aber konkret vorgegeben ist:

Die erste halbe Stunde ist für die Themenauswahl, das strukturierende Lesen der Aufgaben und Materialien sowie für erste Lösungsskizzen reserviert.

Den Rest der Arbeitszeit sollten Sie so einteilen, dass genügend Zeit für alle Aufgaben bleibt. Außerdem sollte am Ende noch ein abschließendes Lesen erfolgen.

7. Analysieren Sie das Material.

Besonders wichtig bei der Analyse der Materialien ist es, hierbei immer das Thema bzw. die Aufgabenstellung im Auge zu behalten. Sie vermeiden so, dass in Ihren Ausformulierungen Textteile entstehen, die mit der gestellten Aufgabe nichts zu tun haben. Solche Ausführungen kosten Zeit, bringen aber keinen Ertrag für das Thema oder die Aufgabe und damit auch keine Leistungspunkte.

Beispiel Silicon Valley-Klausur: Es ist für die Aufgabe 1 ohne Sinn, wenn Sie anhand des Materials M3 (siehe fünfter Hinweis) die Kondratieff-Zyklen darstellen. Mit der in der ersten Aufgabe geforderten Beschreibung der Standortfaktoren hat das nichts zu tun!

Suchen Sie besonders die wichtigen „Kernmaterialien" für jede Aufgabe heraus. Hier sollten Sie bei der Analyse durchaus näher ins Detail gehen und aus den Materialien konkret Teile übernehmen (Zitate oder Zahlenwerte veranschaulichen und belegen Ihre Ausführungen!), während bei weniger zentralen Materialien unter Umständen auch schon einmal ein Verweis im Text ausreichen kann, z. B.: „(vgl. Material M9)".

Betrachten Sie die Materialaussagen als „Beweise" für Ihren „Fall". Es ist nicht nötig, jedes Material bis ins letzte Detail darzustellen. Vielmehr ist es Ihre Aufgabe, Akzente zu setzen und das wirklich Wichtige zu selektieren: Extremwerte, Entwicklungen, Anomalien, Singularitäten. Und: Denken Sie hierbei immer an die sachlogischen Verknüpfungen mit dem Thema bzw. den Aufgabenstellungen. Nur das ist von Bedeutung, was zum konkreten „Fall"beispiel der Klausur gehört und zu seiner Klärung beiträgt.

Gelegentlich kann es übrigens sinnvoll sein, das Material kritisch zu hinterfragen. Dies ist überall dort angebracht, wo Materialaussagen eine bestimmte Wirkungsabsicht haben (Werbung, politisches Statement) oder wo relevante Aspekte im Material gar nicht oder nur unzureichend dargestellt sind.

8. Notieren Sie relevante Fachausdrücke zu den Teilaufgaben bzw. Materialien.

Eine richtig verwendete Fachsprache spart Zeit und Text und bringt am Ende auch zählbare Punkte, gehört sie doch zu den Kriterien der Leistungsbewertung. Vermeiden Sie also umständliche Umschreibungen von Sachverhalten, wenn sich diese durch einige Fachbegriffe, deren Kenntnis von Ihnen erwartet wird, auf den Punkt bringen lassen. Man kann das Notieren von Fachbegriffen an den entsprechenden Stellen auf dem Aufgaben- bzw. Materialblatt vornehmen, es ist aber auch auf dem Konzeptpapier sinnvoll.

So kann sich aus den bisherigen Schritten folgende Übersicht für unser Beispiel ergeben:

Gliederung	Material	relevante Fachbegriffe
1. Lage	Atlas, M 1	Kalifornien, Längstal, Küstenkette
2. Standort-faktoren	Atlas, M 1	Fühlungsvorteile, Agglomerationsvorteile, Infrastruktur, Differenzierung weiche und harte Standortfaktoren, …
3. …	…	Konzentrationsraum, Zukunftstechnologie, …
…	…	…

Nach der „Fahndungsarbeit", für die Sie sich also unbedingt Zeit nehmen sollen, folgt die Anfertigung des „Berichts" – Ihre Ergebnisse müssen ausformuliert und in einen schlüssigen Text gebracht werden, die eigentliche Klausur will geschrieben sein.

9. Formulieren Sie einen griffigen Einstieg.

Beginnen Sie nie mit: „Wie die Karte XY zeigt …" oder „Wie in Material M1 zu sehen ist …" – schlechter kann ein Anfang kaum sein! Ihr Einstieg sollte unbedingt eine inhaltliche Komponente haben:

Es macht fast immer Sinn, mit einer geographischen Lageeinordnung zu beginnen, wobei eine Eingliederung in das Koordinatensystem nur dann notwendig ist, wenn die Lage innerhalb der Breitenkreise für das Thema und den Raum besondere Bedeutung hat (z. B. bei einem agrarischen Entwicklungsprojekt in den Tropen).

Bei unserem Beispiel Silicon Valley kann/sollte man darauf verzichten. Hier reicht ohne weiteres: „Das Silicon Valley erstreckt sich in einem an die San Francisco Bay südlich anschließenden, etwa 80 Kilometer langen und 20 Kilometer breiten Bereich, der innerhalb der Küstenkette von den Santa Cruz Mountains im Westen und der Diabolo Range im Osten eingeschlossen ist. Das Silicon Valley bildet den südlichen Ausläufer eines Raumes hoher Siedlungsverdichtung der Metropolregion San Francisco mit San José als größter Stadt im Valley."

Der weitere Einstieg sollte noch einmal kurz den thematischen Schwerpunkt aufgreifen.

In unserem Beispiel also die Verknüpfung von Standortfaktoren und ihrer Relevanz für das Silicon Valley.

10. Gliedern Sie Ihre Ausführungen, setzen Sie Akzente und ziehen Sie ein Fazit.

Achten Sie darauf, dass Sie im Laufe der Klausur inhaltliche Akzente bzw. Schwerpunkte setzen, die in Verbindung mit dem jeweiligen Aufgabenthema stehen. Eine bloße Aneinanderreihung von Aussagen ermüdet den Leser und lässt ihn nicht erkennen, wo sich weniger Bedeutsames und wo sich besonders Wichtiges findet.

Gliedern Sie Ihre Ausführungen aber nicht nur inhaltlich, sondern auch formal. Das kann durch Absätze geschehen, durch Leerzeilen, Spiegelstriche etc.

Schließlich: Lassen Sie nach Möglichkeit Ihre Ausführungen am Ende jeder Aufgabe in ein Fazit münden, das noch einmal den/die entscheidenden Aspekt/e zusammenfasst. Am Ende der letzten Aufgabe sollte dies, falls passend, als Fazit zur gesamten Klausur erfolgen, das sich auf das Thema der Arbeit bezieht. Hier erfolgt also ein Rückbezug auf das Klausurthema, das ja schon in der Einleitung aufgegriffen wurde (s. o.).

Dieses Schlussfazit soll zeigen, dass Sie Übersicht über das Thema und das Raumbeispiel gewonnen haben. Fassen Sie dazu noch einmal (kurz!) wesentliche positive und negative Aspekte bzw. zu einer These passende und nicht passende Argumente zusammen und formulieren Sie eine hieraus folgende eigene Meinung.

Konkret in unserem Silicon-Valley-Beispiel könnte ein solcher Schluss also eine Kernfrage aufgreifen: „Sind die Zukunftsaussichten des Silicon Valley positiv oder sind sie es eher nicht?" Und die Antwort könnte beginnen (oder enden!) mit: „Auch wenn aktuelle Wirtschaftskrisen nicht spurlos am Silicon Valley vorübergehen und der Raum kaum weitere Expansionsmöglichkeiten bietet, so zeugen das große Interesse ausländischer Firmen an einem Sitz im Silicon Valley von der Attraktivität, dem weltweit hervorragenden Ruf und der Zukunftsorientierung des Standorts."

11. Schreiben Sie sprachlich fehlerfrei und sauber.

Man könnte meinen, das sei eine Selbstverständlichkeit. Hier dennoch einige Tipps, wie Sie die Leser Ihrer Klausur auch von der äußeren Form, Ihrem Darstellungsvermögen und Ihrer Ausdrucksfähigkeit überzeugen:

- Schreiben Sie sauber und achten Sie auf Korrekturränder.
- Formulieren Sie in ganzen Sätzen. Stichwörter sind nur bei Aufzählungen erlaubt.
- Verknüpfen Sie die einzelnen Inhaltsaspekte auch sprachlich, vor allem mithilfe von Konjunktionen, die Zusammenhänge herstellen (daher, deswegen, so, andernfalls, dagegen, …).
- Vermeiden Sie die Umgangssprache und Wendungen wie „Schaut man sich mal …", „Das ist eh …", „Da muss man halt …".
- Verzichten Sie auf Phrasen und Floskeln.
- Benutzen Sie unbedingt Fachbegriffe. Sie vermeiden hiermit umständliche oder ungenaue Umschreibungen und zeigen darüber hinaus, dass Sie die Fachsprache beherrschen, also im Unterricht auch eine fachsprachliche Kompetenz erworben haben.
- Achten Sie darauf, Wichtiges in Hauptsätze zu schreiben und Schachtelsätze zu vermeiden.

Der „Fall" ist gelöst! Sie haben, auf der Basis einer gründlichen Vorbereitung, den „Tatort" in Augenschein genommen, recherchiert und „Indizien" und „Beweise" gesichtet und gesammelt und in einem abschließenden „Bericht" Ihre Ergebnisse zusammengefasst, übersichtlich strukturiert und für Ihre „Vorgesetzten" logisch verknüpft. Bevor Ihre Ausführungen an die zuständigen Stellen weitergegeben werden (für Sie sind das allerdings die korrigierenden Lehrer!), ist ein letzter Blick auf den „Bericht", also Ihre Klausur, sinnvoll.

12. Schauen Sie Ihre Klausur noch einmal im Gesamten durch.

Einen Blick sollten Sie werfen auf:

- die Rechtschreibung und Zeichensetzung, denn auch diese fließt in die Bewertung mit ein,
- die grammatikalische Richtigkeit,
- die Formulierungen, ob sie problemadäquat und fachsprachlich korrekt sind,
- die Vollständigkeit im Vergleich mit Ihren Notizen zu den Arbeitsaufträgen und Materialien.

1.2 Vor dem Schreiben einer Klausur

2.1 Thailand – ein Tigerstaat im Globalisierungsprozess

1. Schritt: „Übersetzung" des Themas
- Ist das Thema als Frage formuliert?
- Welche inhaltlichen Hinweise sind enthalten?
- Geht es um Entwicklungen, Prognosen, Ist-Zustände?
- Um welchen Raum handelt es sich?

1 Beschreiben Sie die Lage Thailands und die naturräumlichen Rahmenbedingungen der wirtschaftlichen Nutzung (Atlas). (25 %)

2 Analysieren Sie die sozio-ökonomische Entwicklung Thailands (M1 – M4). (45 %)

3 Beurteilen Sie die Situation Thailands im Globalisierungsprozess (Atlas, M1 – M6). (30 %)

2. Schritt: Erfassen der Teilaufgaben
- Um welche Inhalte und Räume geht es?
- Welcher inhaltliche Zusammenhang besteht zwischen den Aufgaben?
- Was verlangen die Operatoren?
- Welches Hintergrundwissen ist wo einzubringen?
- Welche Materialien sind einzubeziehen?
- Sind die Materialien bereits den Aufgaben zugeordnet?
- Müssen Materialien verknüpft werden?
- In welchen Aufgaben geht es um Ist-Zustände, Entwicklungen, Prognosen, Szenarien, etc.?
- Stecken in den Aufgaben Hinweise zur Strukturierung oder müssen diese selbst eingebracht werden (Ursachen, Folgen, etc.)?

Entwicklung der Handelsbilanz Thailands seit 1995 (in Mio. US-$)

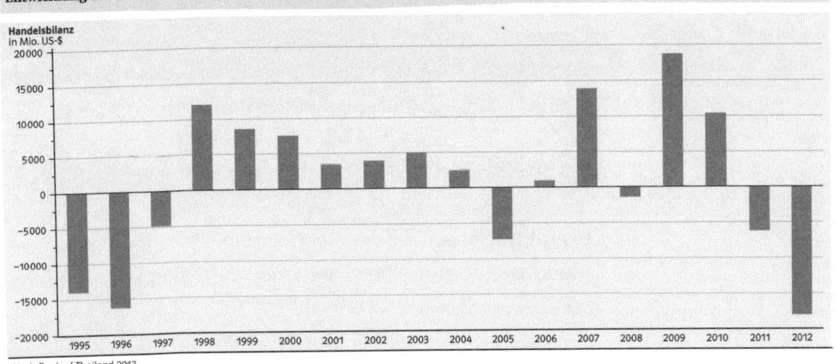

Nach Bank of Thailand 2013

2

Billigstandort-Konkurrenz

„... Die Billig-Konkurrenz der neuen Tiger bekommt nicht nur China zu spüren, sondern auch Länder wie Thailand. Dort ist der Anteil der arbeitsintensiven Produkte – Textilien, Schuhe, Elektronik – an den Gesamtexporten stark gesunken, was die höheren Arbeitskosten reflektiert, so die Bank of America. ‚Es könnte sein, dass die Exporte künftig ihre Rolle als Hauptmotor der thailändischen Wirtschaft verlieren.' Der Kampf um die billigste Produktion wird härter – mit Handelsschranken werden die Länder sich nicht schützen können. Denn sie werden schrittweise abgeschafft. Bereits seit 2010 gilt zwischen China und den zehn ASEAN-Staaten ein Freihandelsabkommen. Und ab 2015 soll die größte Freihandelszone der Welt Realität werden, wenn dem Bündnis auch noch Indien, Korea und Japan beitreten."

Stephan Kaufmann: Konzerne wandern aus China ab. In Frankfurter Rundschau vom 13.12.2013: www.fr-online.de/wirtschaft/billigloehne-in-china-konzerne-wandern-aus-china-ab,1472780,25610044.html

6

3. Schritt: Sichtung der Materialarten
- Welche Materialien liegen vor?
- Welche Aspekte werden thematisiert?
- Sind die Materialien eindeutig?

4. Schritt: Sichtung der Quellenlage
- Handelt es sich um amtliche Quellen?
- Liegen Sachtexte vor?
- Wie aktuell sind die Quellen?
- Werden Meinungen dargelegt, die es zu hinterfragen gilt?

1.3

1.3 Anforderungsbereiche und Operatoren

Nach einer Vereinbarung der Kultusminister sollen die Prüfungsanforderungen im Abitur in allen Bundesländern vergleichbar sein. Entscheidend für die Vergleichbarkeit der Anforderungen ist die Konstruktion der Prüfungsaufgaben. Diese sollen so abgefasst sein, dass sich die Leistungen der Prüflinge möglichst differenziert erfassen lassen. Dazu werden drei Anforderungsbereiche unterschieden, denen Operatoren zugeordnet sind.

Der **Anforderungsbereich I** umfasst die Wiedergabe von Sachverhalten aus einem begrenzten Gebiet und im gelernten Zusammenhang sowie die Verwendung gelernter und geübter Arbeitstechniken und Methoden.
Der **Anforderungsbereich II** umfasst das selbstständige Bearbeiten, Ordnen und Erklären bekannter Sachverhalte sowie das angemessene Anwenden gelernter Inhalte und Methoden auf andere Sachverhalte.
Der **Anforderungsbereich III** umfasst den reflexiven Umgang mit neuen Problemstellungen sowie das selbstständige Anwenden von Methoden mit dem Ziel, zu Begründungen, Deutungen, Wertungen und Beurteilungen zu gelangen.

Um den verschiedenen Anforderungsbereichen gerecht zu werden, aber auch um den Prüflingen das Verständnis für die Aufgabenstellung zu erleichtern, sind den Anforderungsbereichen sogenannte **Operatoren** zugeordnet. Sie sind als Verben formuliert (z. B. darstellen, erläutern, beurteilen) und geben an, was der Prüfling konkret tun soll.

Anforderungsbereich I
Reproduktionsleistungen

Beispiele:
- Beschreiben des weltweiten Verstädterungsprozesses
- Wiedergeben der Theorie der Plattentektonik
- Nennen von Erscheinungsformen regionaler Disparitäten
- Auflisten von „Faktoren der Unterentwicklung" in Ländern der Dritten Welt
- Einholen aktueller Daten mithilfe des Internets
- Grafisches Umsetzen einer Tabelle

nennen: etwas mit einem passenden Begriff bezeichnen, Informationen aus vorgegebenem Material unkommentiert entnehmen

wiedergeben: Informationen aus vorgegebenem Material aufzählen oder einen Sachverhalt aus dem Wissen vortragen

gliedern: Aussagen in eine logische Reihenfolge oder in eine systematische Ordnung bringen

beschreiben: ausführliche Informationen aus vorgegebenem Material oder aus Kenntnissen zusammenhängend und schlüssig wiedergeben

darstellen: in Worten deutlich machen, einen Sachverhalt ausführlich (u. U. mithilfe einer Skizze) wiedergeben

ermitteln: durch Nachforschen herausfinden, feststellen

charakterisieren: einen Sachverhalt in seinen typischen Merkmalen unter einem leitenden Gesichtspunkt beschreiben

lokalisieren: Einordnen von Fall-/Raumbeispielen in bekannte topografische Orientierungsraster

zusammenfassen: Sachverhalte auf wesentliche Aspekte reduzieren und sprachlich distanziert strukturiert und unkommentiert wiedergeben

Anforderungsbereich II
Reorganisations- und Transferleistungen

Beispiele:
- Erklären des Funktionswandels städtischer Räume
- Begründung der Zusammenhänge zwischen Erdbeben und Plattentektonik
- Erläutern der Zusammenhänge zwischen dem natürlichen Potenzial und der Wirtschaftskraft eines Landes
- Vergleichen der Entwicklungsprobleme eines bekannten mit denen eines nicht bekannten Landes
- Auswerten einer Tabelle und Verknüpfen mit anderen Informationsträgern
- Erstellen eines Wirkungsgeflechtes zur Darstellung komplexer Zusammenhänge

erstellen: Sachverhalte inhaltlich und methodisch darstellen, z. B. in einer Mindmap

ein-, zuordnen: Einzelelemente, vorhandenes Wissen oder Erkenntnisse, die aus dem Material entnommen wurden, in einen vorgegebenen Zusammenhang stellen

herausarbeiten: Informationen und Sachverhalte aus vorgegebenem Material entnehmen und wiedergeben

erklären: Informationen durch eigenes Wissen so darstellen, dass der Zuhörer/Leser die Zusammenhänge versteht

erläutern: einen (komplizierten) Sachverhalt veranschaulichend darstellen

begründen: den Grund für etwas angeben, komplexe Gedanken argumentierend entwickeln und im Zusammenhang darstellen; entscheidend ist dabei der schlüssige Gedankengang

kennzeichnen: einen Raum / Sachverhalt auf der Basis bestimmter Kriterien begründet charakterisieren

analysieren: einen Sachverhalt in seinen Elementen und Bezügen klarlegen, gezielte Fragen an einen Sachverhalt stellen, diese beantworten und die Antworten begründen

vergleichen: Gemeinsamkeiten und Unterschiede gewichtend einander gegenüberstellen

anwenden: Theorien / Modelle / Regeln mit einem konkreten Fall- / Raumbeispiel / Sachverhalt in Beziehung setzen

charakterisieren: Sachverhalte in ihren Eigenarten beschreiben, typische Merkmale kennzeichnen und diese dann ggf. unter einem oder mehreren bestimmten Gesichtspunkten zusammenführen

Anforderungsbereich III
Reflexion und Problemlösung

Beispiele:
- Bewertung der Folgen von Stadtsanierungsmaßnahmen
- Reflektieren von Zukunftsszenarien, z. B. der Entstehung eines neuen Ozeans im Gebiet des Oberrheingrabens
- Diskutieren regionalpolitischer Maßnahmen zum Abbau von Disparitäten in der EU
- Stellung nehmen zu Maßnahmen der Entwicklungspolitik in einem Land der Dritten Welt
- Beurteilen des Aussagewertes von verwendeten Arbeitsmaterialien
- Entwickeln einer Arbeitsstrategie zur Lösung einer Aufgabenstellung, z. B. Hypothesenbildung und deren Überprüfung

prüfen / überprüfen: vorgegebene Aussagen bzw. Behauptungen an Fakten oder an der inneren Logik messen und dabei eventuelle Widersprüche aufzeigen

Stellung nehmen: zu einer Behauptung, einer Aussage begründend eine eigene Meinung äußern

diskutieren: etwas eingehend mit anderen erörtern und dabei Meinungen austauschen

erörtern: zu einer vorgegebenen Problemstellung eigene Gedanken entwickeln und ein abgewogenes Urteil fällen

beurteilen: Aussagen, Behauptungen auf ihre Stichhaltigkeit prüfen, eine Aussage über Richtigkeit oder Wahrscheinlichkeit machen

bewerten: zu einem Sachverhalt Stellung nehmen, um darüber angemessen entscheiden zu können

interpretieren: einen Sachverhalt beschreiben, ursächlich erklären, Schlüsse daraus ziehen und bewerten

gestalten: sich produkt-, rollen- bzw. adressatenorientiert mit einem Problem durch Entwerfen z. B. von Reden, Modellen oder Ähnlichem auseinandersetzen

entwickeln: zu einem Sachverhalt oder zu einer Problemstellung eine Einschätzung, ein konkretes Lösungsmodell, eine Gegenposition oder ein Lösungskonzept inhaltlich weiterführend und / oder zukunftsorientiert darlegen

2 Beispielklausuren

2.1 Thailand – ein Tigerstaat im Globalisierungsprozess

2.1.1 Schwerpunktmethode: Mit Diagrammen arbeiten

Entwicklung des Warenhandels in Thailand (in Mrd. US-$)

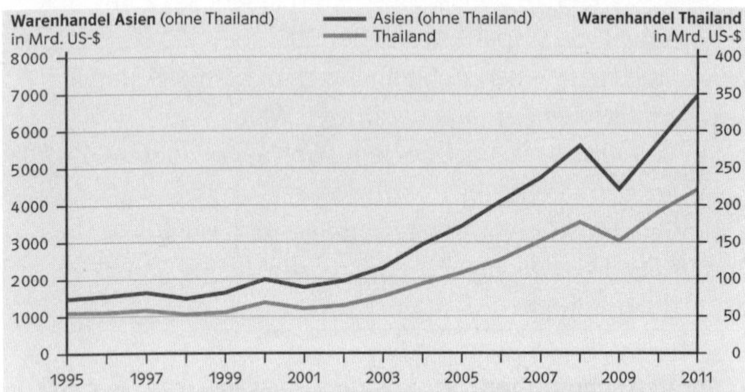

Nach FAO 2014

1

Entwicklung des Warenhandels in Thailand (in Mrd. US-$)

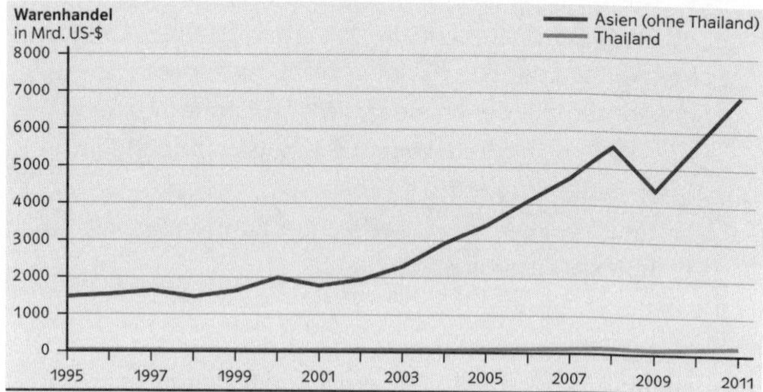

Bezug zu nur einer Mengenachse

2

Eines sollten Sie vorweg bei der Arbeit mit Diagrammen bedenken: In einer Klausur erwartet man – wenn dies nicht ausdrücklich gefordert ist – keine Komplexanalyse jedes einzelnen Klausurmaterials, also keine Beschreibung und Deutung jeder erkennbaren Einzelheit. Dies würde in der Regel eine Überforderung darstellen, da Ihnen hierfür Zeit und Hintergrundwissen fehlen würden. Somit ist es nicht notwendig, alle einzelnen Schritte im Text der Klausur zu dokumentieren. Entscheidend ist die Aufgabenstellung, d. h., der jeweilige Operator zeigt Ihnen an, unter welchem Aspekt Sie das Diagramm bzw. die Diagramme auswerten sollen. Ergänzen Sie allerdings stets stichwortartige Notizen im oder am Diagramm oder auf einem Konzeptblatt. Klären Sie unbekannte Begriffe und Maßeinheiten.

Der Schwerpunkt wird sicherlich auf der Deutung liegen, wobei hierzu häufig zusätzliche Materialien bzw. Informationen erforderlich sind. An einzelnen Stellen sollten Sie das Material „zitieren", um Beweise für die eigenen Behauptungen anzuführen.

Die wichtigsten Grundformen, die in Klausuren verwendet werden, sind lineare Diagramme (Kurven- / Liniendiagramme sowie Säulen- und Balkendiagramme) und flächenhafte Diagramme (Kreisdiagramme). Kurvendiagramme veranschaulichen Trends besser. Bei Säulen- oder Balkendiagrammen rücken die Einzeldaten in den Vordergrund. Kreisdiagramme werden verwendet, wenn es um die Darstellung von Anteilen geht.

Die Kunst der Materialauswertung besteht darin, schnell zu den Kernaussagen des Materials vorzudringen, diese mit Fachbegriffen zu belegen und geschickt in die Lösung der Aufgabenstellung einzubinden. Diagramme sind dabei ein gutes Schlüsselmaterial, da sie oft viel anschaulicher und schneller auszuwerten sind als Tabellen oder Karten. Also empfiehlt sich, unabhängig von der Reihenfolge, mit aussagekräftigen Diagrammen zu beginnen.

Bei der Auswertung von Diagrammen empfiehlt sich die Orientierung an Leitfragen, die einzelnen Schritten zugeordnet sind.

1. Schritt: Aufgabenstellung beachten

Machen Sie sich bewusst, welche Aufgabenstellung mithilfe der Informationen aus dem Diagramm bearbeitet werden soll. Zum Beispiel: Analysieren Sie die sozio-ökonomische Entwicklung Thailands. Hier fordert der Operator von Ihnen, dass Sie mithilfe der angegebenen (unterschiedlichen) Materialien zielgerichtet die Informationen erfassen, die die sozio-ökonomische Entwicklung Thailands kennzeichnen.

2. Schritt: Überblick verschaffen (Formales / Orientierung)

Welche Diagrammform liegt vor? Was ist das Thema (Titel) des Diagramms? Welcher Bezugsraum und Bezugszeitraum liegt zugrunde? Mit welchen Zahlenwerten wird gearbeitet (absolute, relative, Indexwerte)? Aus welcher Quelle stammen die Daten? Wann ist das Diagramm veröffentlicht worden?

3. Schritt: Beschreibung

Lassen sich zeitliche Entwicklungen (Abnahme, Zunahme, Stagnation, Schwankungen) erkennen? Sind Zusammenhänge erkennbar?

4. Schritt: Erklärung / Deutung

Welches ist die entscheidende Aussage? Wie lassen sich die dargestellten Sachverhalte erklären (historische, soziale, politische, wirtschaftliche Entwicklungen)? Welche Ursachen und Folgen lassen sich ableiten? Welche zusätzlichen Informationen sind erforderlich?

5. Schritt: Beurteilung

Ist die gewählte Diagrammform für die Darstellung des Inhalts überhaupt geeignet? Ist die Aussagegenauigkeit ausreichend? Werden Sachverhalte verzerrt oder verfälscht dargestellt? Sind die Daten aktuell genug?

Auf der Internetseite www.klett.de können Sie unter Eingabe des Online-Codes 859vg5 eine Beispielauswertung der Diagramme 1 und 2 dieser Seite abrufen.

2.1.2 Klausur

1 Beschreiben Sie die Lage Thailands und die naturräumlichen Rahmenbedingungen der wirtschaftlichen Nutzung (Atlas). (25%)

2 Analysieren Sie die sozio-ökonomische Entwicklung Thailands (M1 – M4). (45%)

3 Beurteilen Sie die Situation Thailands im Globalisierungsprozess (Atlas, M1 – M6). (30%)

Ausgewähle Strukturdaten Thailands 1995–2012

	1995	2004	2012
Fläche (in km²)	k.A.	k.A.	513 115
Einwohnerzahl (in 1 000)	58 984	65 087	66 785
Städtische Bevölkerung (in %)	30,3	32,0	34,5
Bevölkerungswachstum (in %)	0,8	0,9	0,3
Fertilität (Geburten pro Frau)	1,9	1,7	1,4
Geburtenrate (in %)	1,67	1,37	1,05
Altersstruktur (in %)			
Anteil der unter 15-Jährigen an der Bevölkerung	27,3	22,8	18,5
Anteil der über 65-Jährigen an der Bevölkerung	5,5	7,5	9,4
Sanitärzugang (in %)	88	94	94
Trinkwasserzugang (in %)	89	93	96
Alphabetisierungsrate (Männer / Frauen in %)	96,4 / 91,9	94,9 / 90,5	95,9 / 92,6
Anteil der Bevölkerung unter der nationalen Armutsgrenze (in %)	58,1	26,9	13,2
HDI-Wert [2012: Rang 103]	0,608	0,784	0,690
BIP (in Mio. US-$)	168 019	161 340	365 564
Veränderung des realen BIP (in % zum Vorjahr)	9,2	6,3	6,4
BNE / Kopf (in US-$)	2 750	2 370	5 210
Anteil der Wirtschaftssektoren am BIP (in %)			
Landwirtschaft	9,5	10,3	12,3
Industrie	40,7	43,4	43,6
Dienstleistungen	49,8	46,3	44,2
Anteil des Tourismus am BIP	k.A.	7,2	7,0
Touristenankünfte	6 952 000	11 737 413	22 353 903
Tourismuseinnahmen (in Mio. US-$)	9 257	13 054	37 740
Anteil der Beschäftigten (in %)			
Landwirtschaft	52,0	42,3	39,6
Industrie	19,8	20,5	20,9
Dienstleistungen	28,2	37,2	39,5
Arbeitslosenrate (in %)	1,1	1,5	0,7
Inflationsrate (in %)	5,8	2,8	3,0
Ausländische Direktinvestitionen (in % des BIP)	1,23	3,63	2,36
Leistungsbilanzsaldo (in Mio. US-$)	–13 554	6 736	–1 431
Exportprodukte 2012 (in % des Gesamtexports)	Elektronik 15,8; Nahrungsmittel 13,2; Kfz und -Teile 10,5; chemische Erzeugnisse 10,0; Maschinen 7,6; Sonstige 42,9		
Importprodukte 2012 (in % des Gesamtimports)	Erdöl 16,3; Maschinen 12,3; Elektronik 11,6; chemische Erzeugnisse 9,4; Eisen und Stahl 5,9; Sonstige 44,5		
Rohstoffe	agrarische: Reis, Maniok, Kautschuk, Mais, Zuckerrohr, Kokosnüsse, Sojabohnen, Holz, Fisch; mineralische: Zinn, Erdgas, Wolfram, Tantal, Blei, Gips, Lignit, Fluorit		

1

Entwicklung der Handelsbilanz Thailands seit 1995 (in Mio. US-$)

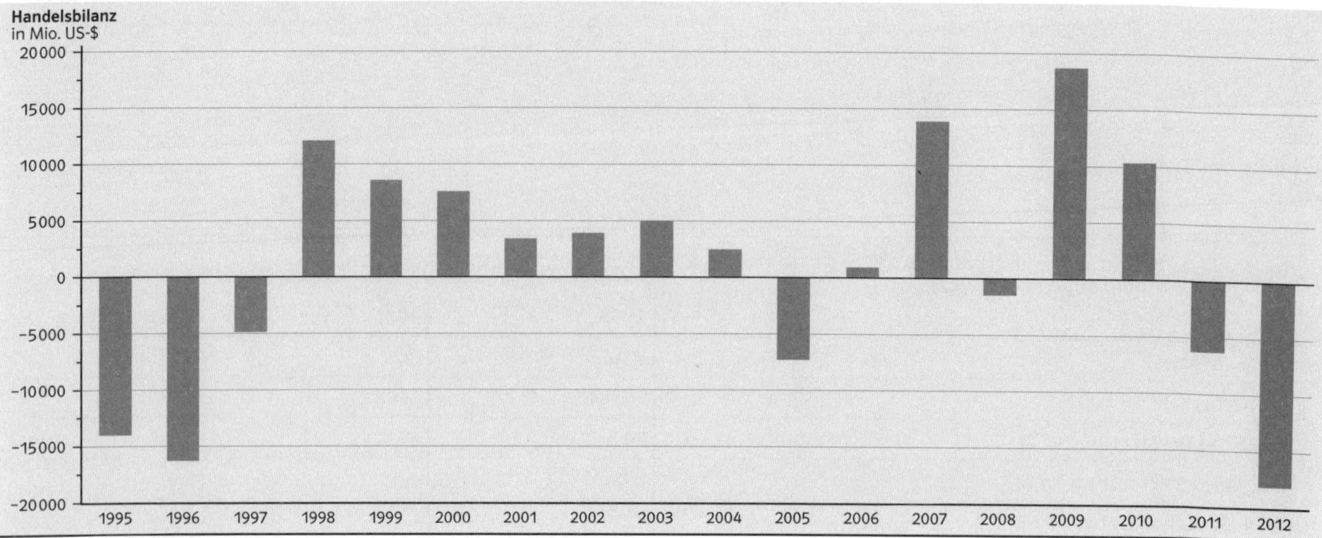

Nach Bank of Thailand 2013

2

Außenhandel Thailands 1995 und 2012

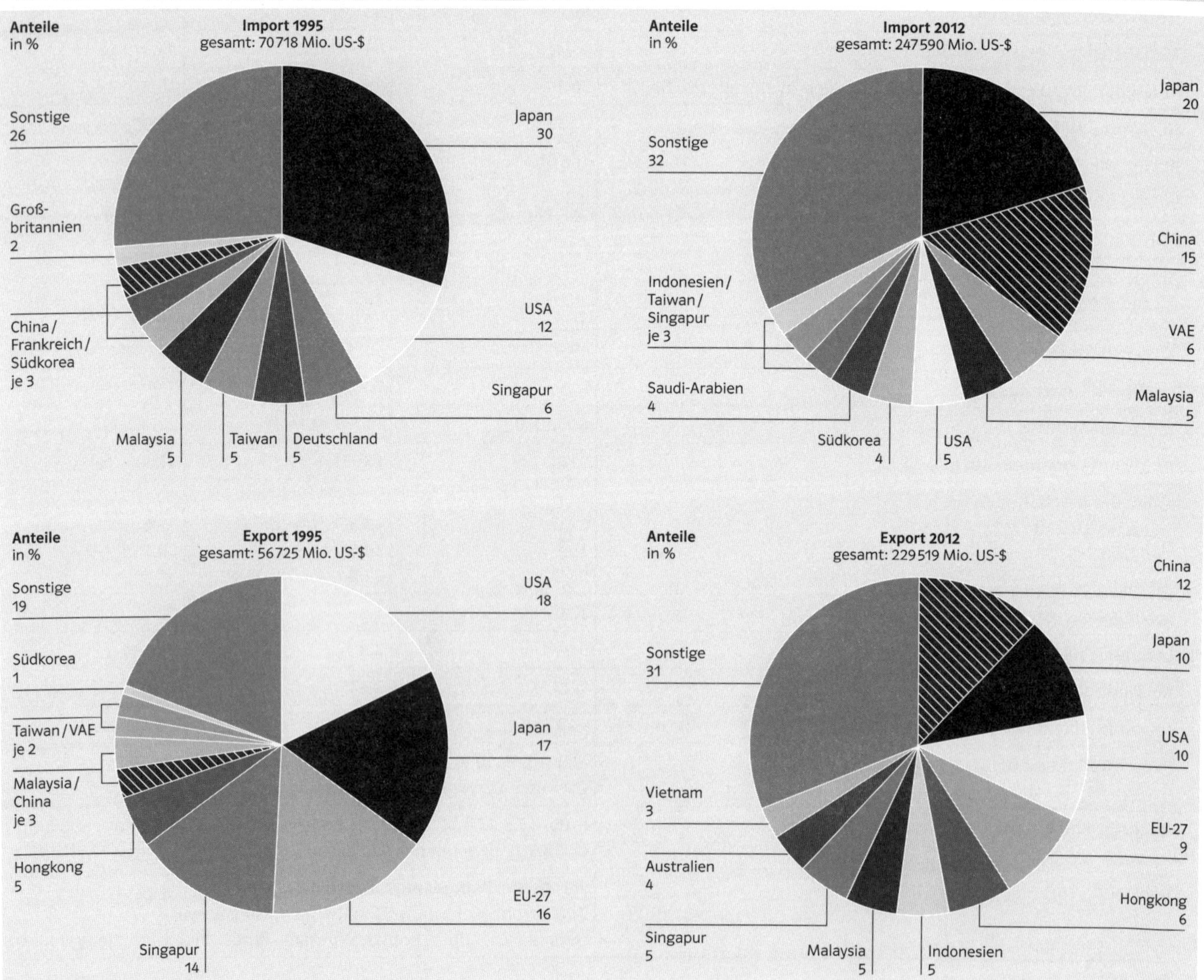

Nach Bank of Thailand 2013

3

ASEAN-Staaten: Entwicklung des BIP (in Mrd. US-$)

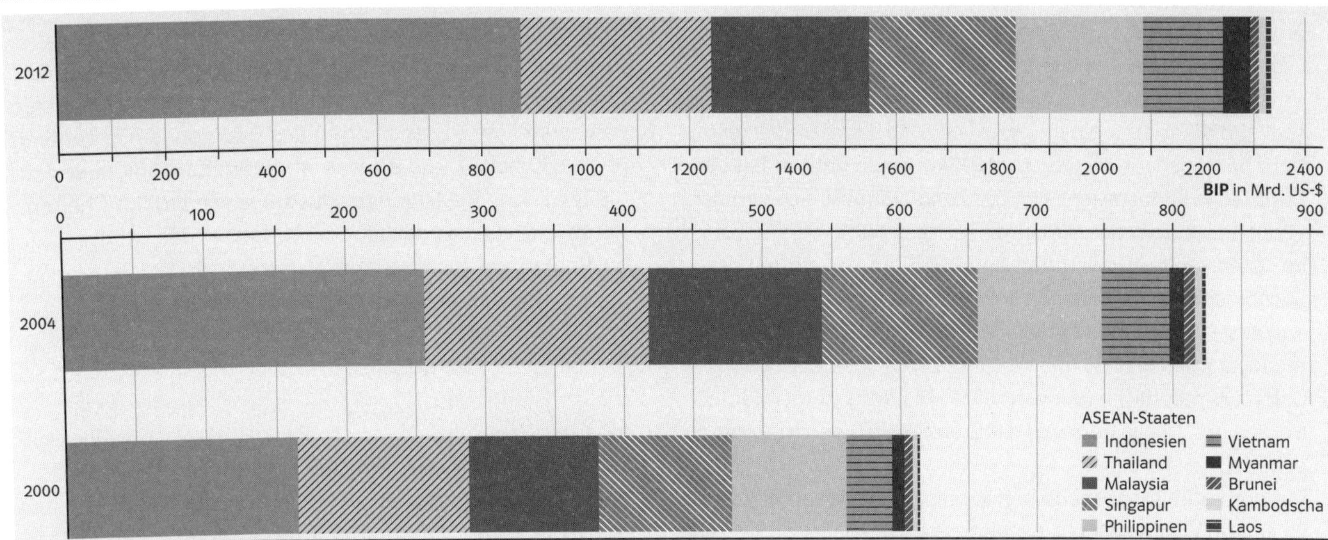

Nach http://de.theglobaleconomy.com/economies/; www.tradingeconomics.com/myanmar/gdp; www.econstats.com/weo/CMMR.htm; Okt. 2014

4

Die zwei Gesichter der Globalisierung

„... Ohne Globalisierung wäre der atemberaubende Aufstieg der Tigerstaaten Südostasiens nie möglich gewesen. Jahr um Jahr fuhren Thailand, Malaysia, Singapur, Indonesien und die Philippinen, aber auch Südkorea und Taiwan Wachstumsraten von sechs und mehr Prozent ein. Es lohnte sich, Rohmaterialien und Bestandteile nach Südostasien zu verschiffen, um sie dort von billigen Arbeitskräften weiterverarbeiten zu lassen und wieder zu exportieren ... In der aktuellen Krise zeigen sich die Schwächen dieses Globalisierungsmodells. Treibende Kraft des Wiederaufschwungs [nach den Krisen 1997 und 2001] waren allein die Exporte ... Aber auch bevölkerungsreiche Länder wie Thailand oder die Philippinen exportieren, gemessen am Bruttosozialprodukt, immer noch fast doppelt so viel wie Deutschland oder Frankreich. Entsprechend stark ist der Einbruch: Die industrielle Produktion ging in Singapur um 17 Prozent zurück, in Malaysia um zwölf Prozent. Der Schwachpunkt bleibt die Binnenwirtschaft. Allein auf den Philippinen hat sie in der Wachstumsphase mitgezogen. In den anderen Staaten indes blieben die Investitionen aus, weil sich das Bankensystem von der Krise von 1997 noch nicht erholt hat und kaum neue Kredite fließen. Den Einbruch bei den Exporten kann die Binnennachfrage nicht ausgleichen.

Noch dazu konzentrierte sich das Wachstum auf wenige Zentren, vor allem auf die Hauptstädte, und schuf gewaltige Wasserköpfe mit enormen Infrastrukturproblemen. Auf dem Land dagegen herrscht immer noch Armut. Dort zeigen sich die schlechten Seiten der Globalisierung: In Thailand zum Beispiel, einem wichtigen Exporteur von Reis, sehen sich die Bauern in den Ruin getrieben, weil sie schutzlos den Bedingungen des Weltmarkts ausgesetzt sind, während Europa und die USA ihre Agrarproduktion subventionieren.

Insgesamt hat die Globalisierung Südostasien genützt ...
Die Globalisierung hat die Tigerstaaten aber auch in neue Abhängigkeiten getrieben. Die relativ kleinen Volkswirtschaften der Region sind in sich zu schwach. Geht es den Großen, insbesondere dem Hauptkunden USA, gut, geht es auch den Tigerstaaten gut. Geht es den Großen schlecht, brechen die Märkte der Staaten Südostasiens ein ...“

Andreas Bänziger: Die zwei Gesichter der Globalisierung. www.sueddeutsche.de/wirtschaft/fernost-die-zwei-gesichter-der-globalisierung-1.639289, 17.05.2010

5

Billigstandort-Konkurrenz

„... Die Billig-Konkurrenz der neuen Tiger bekommt nicht nur China zu spüren, sondern auch Länder wie Thailand. Dort ist der Anteil der arbeitsintensiven Produkte – Textilien, Schuhe, Elektronik – an den Gesamtexporten stark gesunken, was die höheren Arbeitskosten reflektiert, so die Bank of America. ‚Es könnte sein, dass die Exporte künftig ihre Rolle als Hauptmotor der thailändischen Wirtschaft verlieren.‘ Der Kampf um die billigste Produktion wird härter – mit Handelsschranken werden die Länder sich nicht schützen können. Denn sie werden schrittweise abgeschafft. Bereits seit 2010 gilt zwischen China und den zehn ASEAN-Staaten ein Freihandelsabkommen. Und ab 2015 soll die größte Freihandelszone der Welt Realität werden, wenn dem Bündnis auch noch Indien, Korea und Japan beitreten.“

Stephan Kaufmann: Konzerne wandern aus China ab. In Frankfurter Rundschau vom 13.12.2013: www.fr-online.de/wirtschaft/billigloehne-in-china-konzerne-wandern-aus-china-ab,1472780,25610044.html

6

2.1.3 Erwartungshorizont

1 Beschreiben Sie die Lage Thailands und die naturräumlichen Rahmenbedingungen der wirtschaftlichen Nutzung (Atlas).

Thailand nimmt mit einer Fläche von 513115 km² und einer Nord-Süd-Ausdehnung von ca. 1600 km einen großen Teil der Landfläche Südostasiens ein. Das Land erstreckt sich von den Südostausläufern des Himalaya-Gebirges bis an den Mekong im Osten, weiter südlich zum Golf von Siam, der ein Teil des Südchinesischen Meeres ist, sowie an die Andamanensee im Südwesten. Thailand liegt in Südostasien zwischen den Staaten Myanmar (Norden und Westen), Laos (Nordosten und Osten), Kambodscha (Südosten) und Malaysia (Süden). Im Norden und Nordosten wird die Grenze durch den Mekong gebildet.

Die Nord-Süd-Ausdehnung beträgt fast 1800 km von 6° n. B. bis 20° n. B. In West-Ost-Richtung erstreckt sich Thailand über eine Entfernung von fast 800 km von etwa 97° ö. L. bis 106° ö. L.

Der Norden des Landes wird vom Thailändischen Bergland eingenommen, das vielfach Höhen von 2000 m überschreitet. Der Westen Thailands wird von den Ausläufern des innerasiatischen Gebirgssystems geprägt. Dieses gliedert sich in mehrere Nord-Süd-Ketten mit eingeschlossenen Becken, die von Flussläufen durchzogen werden. Das nördliche Hochland grenzt an die Zentralebene, das Kernland Thailands. Nach Osten und Nordosten hin schließt sich bis zur Grenze nach Laos, die über weite Strecken vom Mekong gebildet wird, das Khorat-Plateau an, das ein Drittel der gesamten Landesfläche Thailands einnimmt. Mehr als 55 % der Landesfläche liegen zwischen dem Meeresniveau und 200 m Höhe.

Klimazonal liegen der zentrale Teil Thailands im Aw-Klima (wintertrockenes Tropenklima; Savannenklima), der Westen im Am-Klima (Monsunklima, feucht mit einer Trockenzeit) und der Nordwesten und Nordosten im Bergland im Cw-Klima (wintertrockenes, warmgemäßigtes Klima). Klimatisch wird der Raum durch den Monsun beeinflusst, wobei der Nordostmonsun (Nordostpassat) im Winter kontinentale Luft bringt und Trockenheit in Nordthailand bewirkt, während sich die Luft über dem Golf von Thailand mit Feuchtigkeit anreichert und Niederschläge in Südthailand verursacht. Der sommerliche Südwestmonsun bringt dagegen feuchte Luftmassen, was zu Niederschlägen im ganzen Land führt.

Die land- und forstwirtschaftliche Nutzung wird dominiert von den Produkten Reis, Teakholz, Kautschuk und Baumwolle. Entsprechend den naturräumlichen Bedingungen wird im Tiefland überwiegend Reis angebaut, während in den Wäldern im Westen, Norden und Osten Teakholzplantagen vorherrschen. Im Süden Thailands befindet sich das Zentrum der Kautschukproduktion. Baumwollanpflanzungen finden sich im Südosten des Landes.

Touristische Zentren mit überragender Bedeutung sind die Räume um Bangkok und Chiang-Mai, wobei Nationalparks und diverse historische Stätten grundlegende Voraussetzungen darstellen. Zu den Zentren des Badetourismus gehören Phuket, Khao Lak und Pattaya. Im Raum Bangkok finden sich die Textil- und Bekleidungsindustrie sowie Erdölraffinerien. Buntmetallvorkommen gibt es im Norden des Landes und bei Phuket, wo auch die Verhüttung stattfindet. Bangkok und Phuket sind die Dienstleistungszentren des Landes.

2 Analysieren Sie die sozio-ökonomische Entwicklung Thailands (M1 – M4).

Innerhalb des Zeitraumes von 1995 bis 2012 hat die Einwohnerzahl Thailands zwar um 7,8 Millionen Menschen zugenommen, allerdings sind die Fertilitätsrate von 1,9 auf 1,4 und die Geburtenrate von rund 1,7 % auf 1,0 % gesunken, sodass das Bevölkerungswachstum auf 0,3 % gesunken ist. Der Anteil der unter 15-Jährigen an der Bevölkerung liegt 2012 bei knapp einem Fünftel, während der Anteil der über 65-Jährigen gegenüber 1995 auf etwa ein Zehntel zugenommen hat. Eine deutliche Verbesserung zeigt sich auch beim Zugang zu Trinkwasser und dem Sanitärzugang, der 2012 bei 96 % bzw. 94 % liegt. Somit ist eine Verbesserung der Lebensumstände erkennbar. Dazu gehören auch die leichte Verbesserung der Bildung der Frauen und die deutliche Abnahme des Anteils der Menschen, die unter der nationalen Armutsgrenze leben. Hier hat der Anteil von 1995 bis 2012 um rund 45 Prozentpunkte auf 13,2 % abgenommen.

Was die Arbeitslosen- und Inflationsrate anbetrifft, so unterliegen diese innerhalb des 17-Jahres-Zeitraums Schwankungen, wobei die Inflationsrate gegenüber 1995 zwar um 2,8 Prozentpunkte abgenommen hat, dennoch aber seit 2004 wieder leicht ansteigt (3,0 %). Insgesamt sind diese makroökonomischen Rahmendaten relativ stabil. Die Arbeitslosenrate hat von 1995 bis 2004 um rund 4 % zugenommen, ehe sie in den folgenden Jahren wieder um 0,8 % auf den sehr niedrigen Wert von 0,7 % reduziert werden konnte.

Auch wenn der Anteil der städtischen Bevölkerung um 4,2 Prozentpunkte zugenommen hat, lebt der überwiegende Teil der Menschen in Thailand noch auf dem Land.

Die Wirtschaftsstruktur in Thailand hat von 1995 bis 2012 eine positive Entwicklung erfahren. Deutlich lässt sich dies belegen mit dem BIP und dem BNE / Kopf, die sich beide etwa verdoppelt haben. Dafür sprechen auch die Wachstumsraten des BIP, die in den ausgewählten Jahren über 6 % lagen.

Den Angaben zur Wirtschafts- und Außenhandelsstruktur ist zu entnehmen, dass sich die Anteile der Wirtschaftssektoren am BIP und damit deren volkswirtschaftliche Bedeutung so verschoben haben, dass der Anteil der Landwirtschaft von 9,5 % auf 12,5 % und der Anteil der Industrie von 40,7 % auf 43,6 % zugenommen haben, während der tertiäre Sektor um 5,6 Prozentpunkte abgenommen hat. Der Anteil der Beschäftigten in den Wirtschaftssektoren lässt eine deutliche Zunahme (39,5 %) der Bedeutung des Dienstleistungssektors als Arbeitgeber erkennen. Etwa gleich hoch ist der Anteil der Be-

schäftigten in der Landwirtschaft (39,6 %), wobei deren Anteil allerdings seit 1995 um 8,4 Prozentpunkte abgenommen hat. Importiert werden in erster Linie Investitionsgüter (Maschinen, Fahrzeuge, chem. Erzeugnisse), exportiert werden neben Primärgütern (Nahrungsmittel) auch Investitionsgüter. Der Wert der exportierten Waren hat seit 1995 auf das Vierfache zugenommen. Allerdings unterliegt die Entwicklung der Handelsbilanz deutlichen Schwankungen. Auffällig ist hierbei der Zeitraum von 1998 bis 2004, der insgesamt positive Saldi aufweisen konnte. Die aktuelle Situation weist den höchsten negativen Wert mit – 18 000 Mio. US-$ auf. Dem steht beispielsweise 2009 der höchste positive Wert mit fast 19 000 Mio. US-$ gegenüber.
Bei den Importen steht Erdöl an erster Stelle, während überwiegend Elektronikartikel und Nahrungsmittel exportiert werden. Zu den Hauptabnehmerländern 2012 gehören China, Japan, die USA und die EU, auf die 41 % des Exports entfallen. 1995 waren es die USA, Japan und die EU mit einem Anteil von 51 %. Zu den Lieferländern gehören 2012 mit einem Anteil von 43 % hauptsächlich Japan, China und die EU. Im Jahr 1995 entfiel auf Japan, die USA und Singapur ein Anteil von 48 %. Es ist eine deutlich stärkere Fokussierung auf China zu erkennen.
Unter den ASEAN-Staaten nimmt Thailand, gemessen am BIP, seit 2000 den zweiten Platz ein. Dabei ist allerdings der Abstand zu Indonesien, das an erster Stelle steht, immer größer geworden. Trotz einer Verdreifachung des absoluten Wertes hat der Anteil am BIP der ASEAN-Staaten über den gesamten Zeitraum – im Gegensatz zu Indonesien – abgenommen.
Das Interesse ausländischer Investoren ist an der Entwicklung der ausländischen Direktinvestitionen ablesbar. Insgesamt hat sich der Anteil am BIP etwa verdoppelt, wobei zwischenzeitlich (bis 2004) der Anteil auf etwa das Dreifache gesteigert werden konnte.
Im Rahmen der diversifiziert ausgerichteten Wirtschaftsstruktur spielt der Tourismussektor eine wichtige Rolle. Sein Anteil am BIP liegt bei 7 %. Die Tourismusindustrie verbuchte 2012 einen beachtlichen Zuwachs; bei den Einnahmen konnte eine Vervierfachung gegenüber 1995 erreicht werden.
Als zusammenfassender Indikator spiegelt der HDI die sozioökonomische Entwicklung wider. Der Wert konnte gegenüber 1995 verbessert werden, wobei allerdings gegenüber 2004 eine Verschlechterung eingetreten ist. Für 2012 klassifiziert der HDI Thailand als Land mit einem mittleren Entwicklungsstand (medium human development). (Hinweis: Einige Atlaskarten ordnen in der Legende einen Wert zwischen 0,5 und 0,7 als „niedrig“ ein.)

3 Beurteilen Sie die Situation Thailands im Globalisierungsprozess (Atlas, M1 – M5).

Thailands Lage kann unter geostrategischen Bedingungen als günstig bezeichnet werden. Zu den Stärken gehört die Diversifizierung in der Industriestruktur und den Exportprodukten. Angesichts der Entwicklung des BIP und der jährlichen Zuwachsraten, die 1995 sogar bei 9,2 und danach über 6 % lagen, kann man von einer boomenden Wirtschaft Thailands sprechen. Allerdings ist dabei zu berücksichtigen, dass trotz eines insgesamt gestiegenen Lebensstandards von diesem Boom nicht alle Bevölkerungsteile im gleichen Umfang profitiert haben. Bei den Handelspartnern Thailands zeigen sich gegenüber 1995 insofern Veränderungen, als China die Rolle der USA übernommen hat. Dabei ergibt sich eine hohe Abhängigkeit vom Weltmarkt, insbesondere von China und den USA.
Für ausländische Unternehmen sind traditionelle Fertigungsländer wie Thailand nicht nur interessant, weil sie dort vergleichsweise günstig Waren für den Export nach Europa herstellen können. Der expandierende und schrankenlose Binnenmarkt im Raum ASEAN, kombiniert mit dem durch ein Freihandelsabkommen erleichterten Zugang nach China, dürfte in Zukunft wichtiger werden als die Ausfuhren in traditionelle Abnehmerländer. ASEAN ist allerdings keine homogene Wirtschaftsgemeinschaft mit klar definierten und kollektiv verfolgten Zielen, sondern eher das Gegenteil. Zwischen den einzelnen ASEAN-Mitgliederstaaten bestehen nicht zuletzt unter ökonomischen Aspekten signifikante Unterschiede. Staaten wie Kambodscha, Vietnam und Myanmar stehen beispielsweise erst am Beginn des Weges hin zur modernen Volkswirtschaft. Innerhalb dieser ASEAN-Wirtschaftsregion nimmt Thailand inzwischen neben Indonesien eine zentrale Funktion ein – und das trotz eines abnehmenden Anteils an der Wirtschaftskraft des Raumes. Vorteilhaft für Thailand ist dabei die Tatsache, dass die anderen Volkswirtschaften relativ schwach geblieben sind, auch wenn in Einzelfällen (Myanmar und Vietnam) der Anteil erhöht werden konnte.
Zu den Risikofaktoren gehören die Anforderungen, die eine alternde Bevölkerung stellt. Ein weiteres großes Problem der Wirtschaft in Thailand ist neben dem Schwachpunkt Binnenwirtschaft die Tatsache, dass in der Landwirtschaft immer noch fast 40 % der Gesamtbevölkerung arbeiten, obwohl die Landwirtschaft – trotz einer zu verzeichnenden Steigerung – nur 12 % des Bruttoinlandsproduktes erwirtschaftet. Die negativen Auswirkungen bekommen vor allem die Bauern zu spüren, weil sie schutzlos den Bedingungen des Weltmarkts ausgesetzt sind, während Europa und die USA ihre Agrarproduktion subventionieren. Nicht gelöst sind räumliche und soziale Disparitäten. Unverkennbar ist nach wie vor ein soziales Gefälle zwischen der Land- und Stadtbevölkerung. Während die Metropolregion Bangkok und Chiang-Mai die Zentren bilden, ist die Peripherie – abgesehen von den Tourismusregionen – weniger gut erschlossen.
Thailand profitiert einerseits von der Globalisierung, ist aber auch vor den negativen Auswirkungen nicht geschützt. Chancen ergeben sich sicherlich im Rahmen der ASEAN und durch die noch nicht ausgeschöpften Ressourcen im Bereich der Nahrungsmittelproduktion und beim Tourismus.

2.2 Nigeria – Rahmenbedingungen der sozio-ökonomischen Entwicklung

2.2.1 Schwerpunktmethode: Statistiken besser verstehen

Täglich entstehen Tausende von Statistiken zu allen nur denkbaren Themen. Bevor man die Aussagen übernehmen kann, empfiehlt es sich, die Angaben auf die Darstellung, den Wahrheitsgehalt und die Intention der Statistik zu überprüfen. Statistiken können beabsichtigt oder unabsichtlich Fehler enthalten, einen falschen Raum-, Sach- oder Zeitbezug darstellen oder durch fragwürdige Quellen in der Zahlenbasis bereits unwissenschaftlich sein. Da Statistiken häufig nicht nur zum Selbstzweck erstellt werden, unterliegen sie in der Aufarbeitung und Darstellung der Absicht, bestimmte Aussagen zu belegen. Deshalb sollten auch immer die Herausgeber und die mögliche Intention geprüft werden. Folgende Arbeitsschritte erleichtern Ihnen die Auswertung und kritische Beurteilung von Statistiken.

1. Schritt: Überprüfen
Überprüfen Sie die vorliegende Statistik hinsichtlich der formalen Kriterien:
Überschrift, Aktualität, Herausgeber / Quellenangabe, Plausibilität von Angaben, Auslassungen / keine Angaben.
Indizien für berechtigte Zweifel sind Jahresreihen mit wechselnden Zeitabständen, mehrere Quellen, bei denen die jeweilige Verwendung nicht deutlich wird, Quellen aus inoffiziellen Erhebungen / eigenen Messungen, Schätzungen, Prozentangaben ohne Bezug zu einer Grundgesamtheit, Summe der Prozentanteile ergibt nicht 100, Scheinexaktheit durch mehrere Nachkommastellen, Vermischung unterschiedlicher Einheiten.
Prinzipiell glaubwürdiger sind die offiziellen Statistiken der Landesämter oder Bundesbehörden, wobei mit sinkendem Entwicklungsstand der Staaten in der Regel auch die Verlässlichkeit der Daten nachlässt.

2. Schritt: Darstellung und Aussagewert überprüfen
Statistiken als Zahlenreihen sind oft sehr komplex zu erfassen. Ermitteln Sie deswegen Maximal- und Minimalwerte sowie Veränderungen oder Entwicklungen. Versuchen Sie Beziehungen zwischen den Daten herzustellen und sie ggf. in Prozesse einzuordnen (z. B. Wirtschaftskrisen, Missernten, Kriege, Naturkatastrophen, Unabhängigkeit).
Die Umsetzung von Zahlenwerten in Diagramme macht die Aussage oft anschaulicher, birgt aber auch mehr Möglichkeiten der Manipulation (z. B. unangemessene Veränderung der Achsen durch Streckung, Stauchung, fehlenden Nullwert; mangelnde Proportionalität zwischen Zahlen und dargestellten Flächen; ungleiche Schritte bei Zeitreihen auf der x-Achse, Farbwahl oder hervorgehobene Segmente zur Betonung einer Aussage).

3. Schritt: Statistiken beurteilen
Beurteilen Sie die Darstellungsform und Aussagekraft der Statistik vor dem Hintergrund der Überschrift. Berücksichtigen Sie dabei u. a. folgende Fragestellungen:
- Sind die Angaben eindeutig?
- Sind Manipulationen erkennbar?

2.2.2 Klausur

1 Beschreiben Sie Klima und Naturraum Nigerias (Atlas, M1, M2). (25 %)

2 Charakterisieren Sie, ausgehend von den sozio-ökonomischen Angaben, den Entwicklungsstand Nigerias (Atlas, M3, M4). (30 %)

3 Nehmen Sie Stellung, ob und inwieweit Nigeria das naturräumliche Potenzial ökonomisch nutzt (Atlas, M3, M4). (30 %)

4 Beurteilen Sie den Aussagewert der statistischen Daten Nigerias. (15 %)

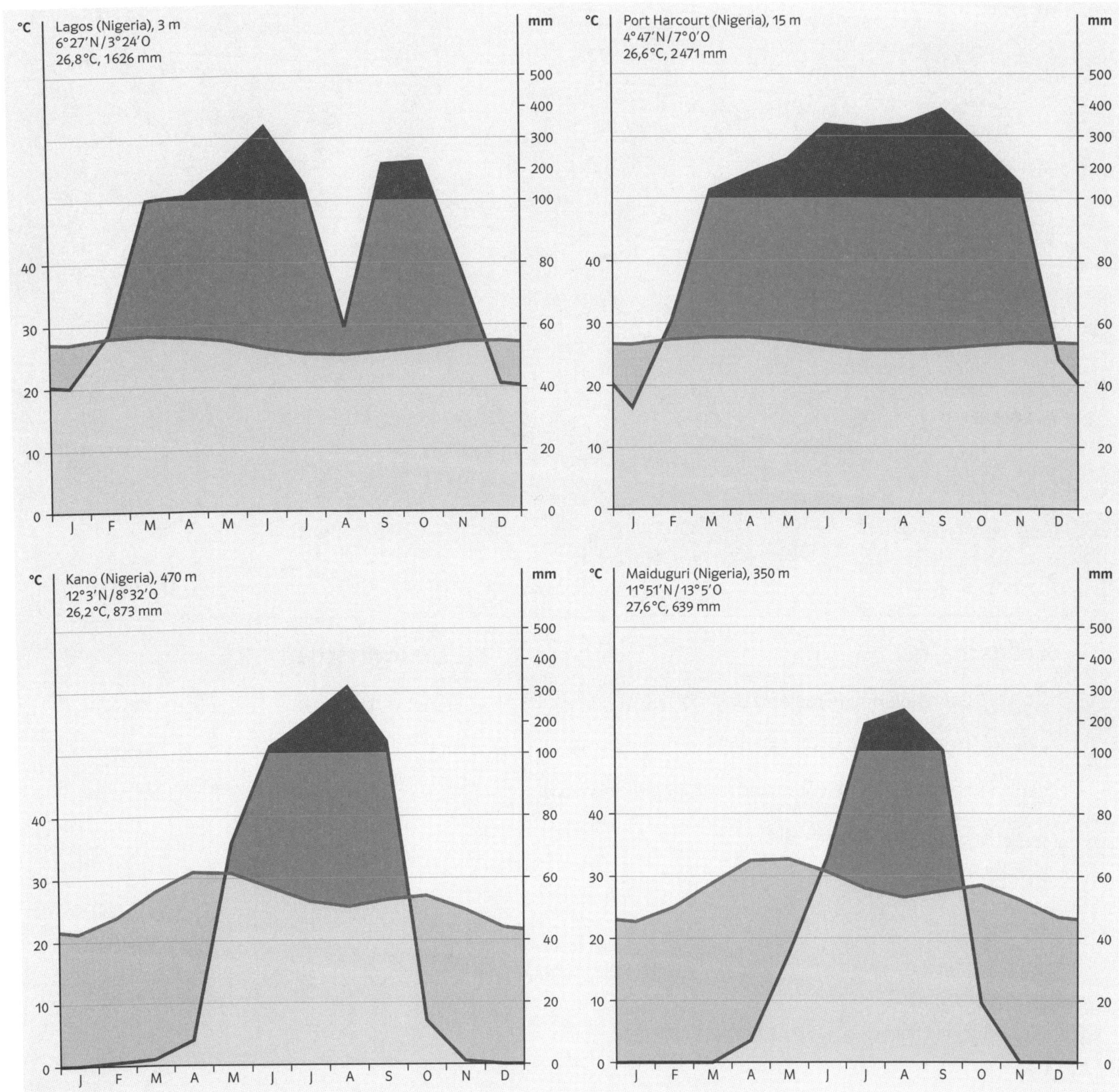

1 Klimadiagramme Nigerias

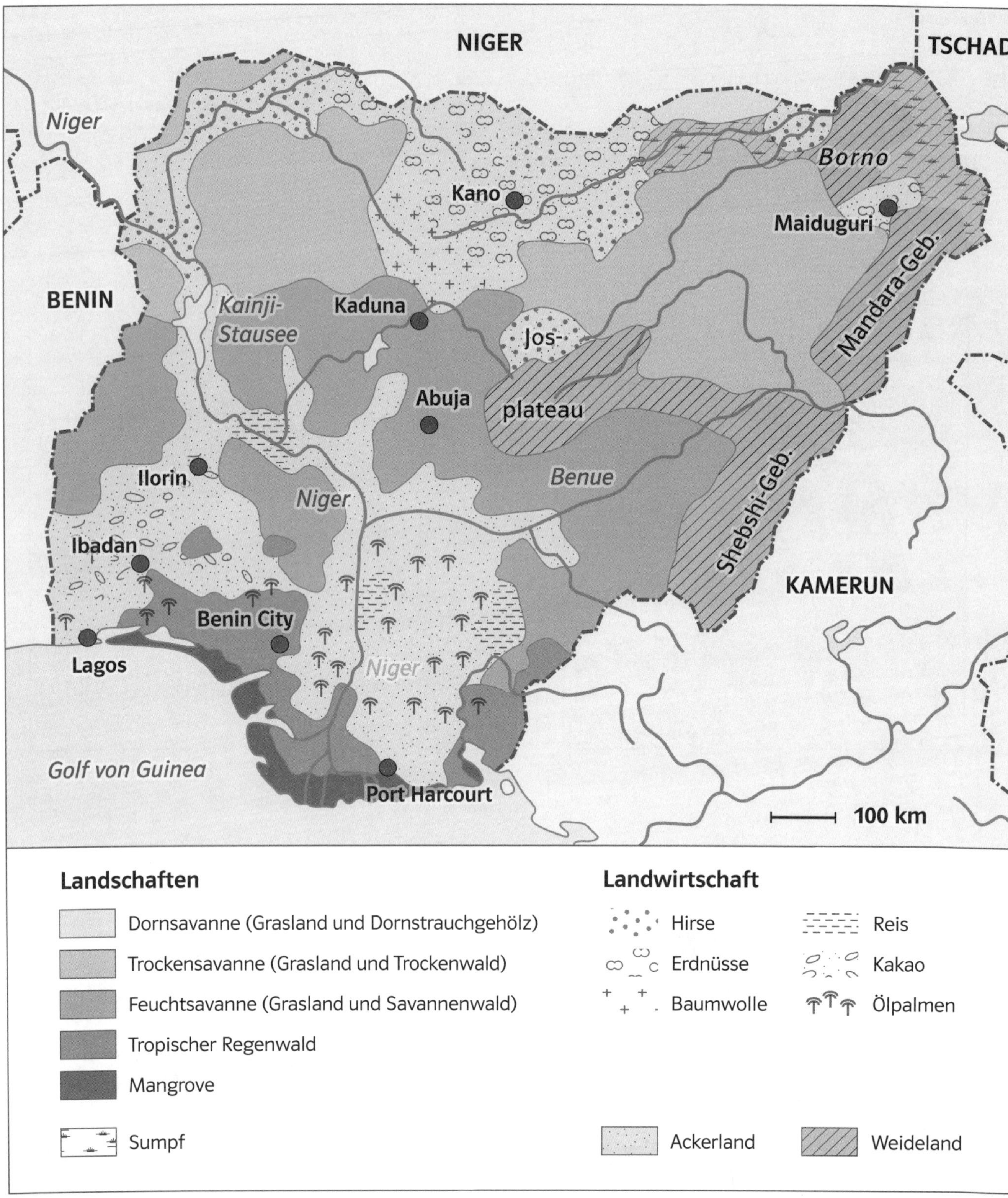

2 Landschaften und landwirtschaftliche Nutzung in Nigeria

Ausgewählte Strukturdaten Nigerias

Fläche (in km²)	2011	910770
BIP (in Mrd. US-$)	2012	268,7
BIP je Einwohner (in US-$)	2012	1631
Veränderung des BIP (in % zum Vorjahr)	2012	6,3
Inflation (in % zum Vorjahr)	2012	12,2
Bruttowertschöpfung (in % des BIP) Landwirtschaft	2007	32,71
Produzierendes Gewerbe	2007	40,65
Dienstleistungssektor	2007	26,63
Bevölkerung (in 1000)	2011	162471
Bevölkerungsdichte (in Ew. pro km²)	2011	178,4
Bevölkerung (in % der Gesamtbevölkerung) unter 15 Jahren	2011	42,8
ab 65 Jahren	2011	3,4
HDI	2012	0,471
Geburten je Frau	2011	5,49
Lebenserwartung bei Geburt – Männer/Frauen (in Jahre)	2011	51,1/ 52,7
Ärztedichte (je 10000 Ew.)	2008	4
Säuglingssterblichkeit (je 1000 Lebendgeborene)	2011	78
Schüler/innen je Lehrkraft (Primarstufe)	2010	36
Erwerbsquote (in %)	2012	55,7
Erwerbspersonen (in 1000)	2012	53095
BNE je Einwohner (in US-$)	2011	1280
Landwirtschaftlich genutzte Fläche (in % der Landfläche)	2011	83,7
Waldfläche (in % der Landfläche)	2011	9,5
Import insgesamt (in Mrd. US-$)	2011	64,0
Export insgesamt (in Mrd. US-$)	2011	125,6
Export von Waren und Dienstleistungen (in % des BIP)	2011	39,6
Primärenergieverbrauch (in kg ROE je Ew.)	2010	713,6

www.destatis.de/DE/ZahlenFakten/LaenderRegionen/Internationales/Land/Afrika/Nigeria.html, Okt. 2014

3

Nigeria – Einschätzung des Bundesministeriums für Zusammenarbeit und wirtschaftliche Entwicklung

Mit gut 160 Millionen Einwohnern ist Nigeria der bevölkerungsreichste Staat Afrikas, größter zusammenhängender Binnenmarkt des Kontinents und mit Abstand das wirtschaftlich bedeutendste Land Westafrikas. Nigeria gehört zu den Ländern mit den größten Erdölvorkommen weltweit, rund 80 % der Staatseinnahmen stammen aus dem Export von Öl und Gas. Nigeria ist dank seines Reichtums an Bodenschätzen die zweitgrößte Volkswirtschaft Afrikas südlich der Sahara.

Nigeria versteht sich als aufstrebendes Schwellenland und übernimmt als einer der Vertreter Afrikas Verantwortung auf der weltpolitischen Bühne: Bei Militär- und Polizeioperationen der Vereinten Nationen stellt Nigeria das größte Truppenkontingent und strebt mittelfristig einen ständigen Sitz im UN-Sicherheitsrat an. Auch in der Afrikanischen Union (AU) und der Westafrikanischen Wirtschaftsgemeinschaft (Economic Community of West African States, ECOWAS) hat das Land großen Einfluss und übernimmt politische Verantwortung.

Nigeria leidet unter ethnischen, regionalen, sozialen, religiösen und politischen Spannungen, insbesondere verursacht durch sozio-ökonomische Ungleichheiten. Rund 250 ethnische Gruppen konkurrieren um die Macht und die Nutzung der Ressourcen. Lange Phasen autoritärer Militärherrschaft haben die Instabilität des Landes verschärft. Korruption, Vetternwirtschaft und ineffiziente staatliche Institutionen sowie eine marode Infrastruktur sind ein Erbe aus dieser Vergangenheit. Sie verhindern dringend notwendige Investitionen in die öffentliche Infrastruktur, vor allem in die Stromversorgung, den Straßenbau und das Bildungssystem. Der Privatsektor kann sich dadurch bisher kaum entfalten.

Nach www.bmz.de/mobil/was_wir_machen/laender_regionen/laenderueberblick/nigeria.html, Okt. 2014

4

2.2.3 Erwartungshorizont

1 Beschreiben Sie Klima und Naturraum Nigerias.

Nigeria ist ein Flächenstaat in Afrika und liegt an der Atlantikküste (Golf von Guinea). Nigeria grenzt im Westen an Benin, im Norden an Niger und im Osten an Kamerun. Dabei bilden eine Reihe von Gebirgen im Osten die Grenze: das Hochland von Adamaoua, das Shebshi-Gebirge und das Mandara-Gebirge. An die meist schmale und nur im Nigerdelta breitere Küstenebene schließt sich ein breites, sanftwelliges Küstenhügelland mit Höhen bis zu 600 m an. Nach Norden schließen sich allmählich weite Hochflächen an. Im Zentrum erreicht das Josplateau eine Höhe von 1781 m. Nach Nordwesten fallen die Hochflächen in das Nigerbecken ab, nach Nordosten schließt sich die Landschaft Borno in Richtung Tschadsee an, der wiederum auf nigerianischer Seite komplett ausgetrocknet ist.

Durchschnitten wird Nigeria durch die ausgedehnten Tallandschaften des Nigers mit seinen Nebenflüssen (v. a. Benue). Diese werden intensiv landwirtschaftlich genutzt.

Von Süden nach Norden nimmt der Niederschlag mit zunehmender Distanz vom Ozean und vom Äquator immer weiter ab. Während Port Harcourt und Lagos noch große Niederschlagsmengen mit einer langen Regenzeit von Februar bis November (Einflusszone des Südostpassats) aufweisen, sind die Niederschläge in Kano und Maiduguri erheblich geringer und die Regenzeit mit sechs resp. fünf Monaten (von April / Mai bis Oktober) deutlich kürzer.

Die Temperaturkurven von Port Harcourt und Lagos zeigen den für die Äquatornähe fast geraden Verlauf eines Tageszeitenklimas, bei dem die Schwankungen zwischen den Monaten keine 3 °C betragen. Demgegenüber liegen die Temperaturamplituden bei Kano und Maiduguri schon bei 10 °C, wobei die Temperaturmaxima über 30 °C liegen.

An den Mangrovensaum im Bereich der Küstenebene (Lagos, Port Harcourt) schließen sich nach Norden potenziell tropische Regenwälder an, die größtenteils bereits zerstört sind, ihren typischen Urwaldcharakter verloren haben und durch artenarme Sekundärwälder ersetzt wurden. Es folgen die wechselfeuchten Feuchtsavannen, die wechselfeuchten Trockensavannen (Kano, Maiduguri) sowie die trockenen Dornsavannen, die von immer kürzeren Regenzeiten bei immer größeren Temperaturamplituden gekennzeichnet werden.

Auf den lessivierten Böden der Tropen wird sowohl für den Eigenverbrauch als auch für den (Welt-)Markt angebaut.

Im Zentrum Nigerias (Kaduma) sowie an der Küste gibt es mehrere Erdölvorkommen, wo Erdöl auch gefördert wird. Außerdem gibt es Buntmetallvorkommen, bei Jos, die dort verhüttet werden, sowie kleinere Vorkommen an Zinn, Eisenerz, Kohle, Kalkstein, Blei und Zink.

2 Charakterisieren Sie, ausgehend von den sozio-ökonomischen Angaben, den Entwicklungsstand Nigerias.

Die Auswertung der statistischen Daten führt zu einer eindeutigen Einordnung Nigerias: Alle wirtschaftlichen und sozialen Kennzahlen weisen Nigeria als Land am unteren Ende der Entwicklungsskala aus. Das lässt sich sowohl mit der geringen Lebenserwartung (51,1 / 52,7 Jahre), der sehr hohen Geburtenziffer (5,49 Geburten / Frau), der schlechten medizinischen Versorgung (Säuglingssterblichkeit, Ärztedichte, Krankenhausbetten) als auch den schlechten Wirtschaftsdaten (BNE 1280 US-$/Ew., BIP 1631 US-$/Ew.) begründen. Ergänzend können der niedrige HDI mit 0,471 (2012), den Nigeria an 156. Stelle von 187 weltweit geführten Ländern aufweist, der niedrige Energieverbrauch, der auf geringe Produktion wie geringe Lebensqualität schließen lässt, sowie der Anteil der Kinder an der Gesamtbevölkerung (42,8 %) genannt werden.

Obwohl diese Einordnung so eindeutig ausfällt, interpretiert sich Nigeria selbst als Schwellenland. Begründet wird dies damit, dass Nigeria als bevölkerungsreichster Staat Afrikas über den größten zusammenhängenden Binnenmarkt des Kontinents verfügt und mit Abstand das wirtschaftlich bedeutendste Land Westafrikas ist. Ferner übernimmt Nigeria als einer der wenigen Vertreter Afrikas Verantwortung in weltpolitischen Angelegenheiten, was seine Position auf dem Kontinent weiter stärkt.

Die Diskrepanz zwischen Anspruch und Wirklichkeit lässt sich zum einen mit ethnischen, regionalen, sozialen, religiösen und politischen Spannungen in dem Vielvölkerstaat erklären. Die rund 250 ethnischen Gruppen konkurrieren um die Macht und Nutzung der Ressourcen, die es in großem Umfang gibt. Zum anderen verhindern instabile politische Verhältnisse, Korruption, Vetternwirtschaft, ineffiziente staatliche Institutionen sowie eine marode Infrastruktur die weitere Entwicklung. Verantwortlich sind dafür die langen Phasen der Militärdiktaturen, die es nicht schafften, Nigeria zu reformieren: Dringend notwendige Investitionen in die öffentliche Infrastruktur blieben bisher aus, eine Reihe wirtschaftspolitischer Reformprozesse der Regierung erwiesen sich als wirkungslos. Dementsprechend eindeutig fällt die Auswertung der sozio-ökonomischen Daten aus.

3 Nehmen Sie Stellung, ob und inwieweit Nigeria das naturräumliche Potenzial ökonomisch nutzt.

Nigeria ist nach Südafrika die zweitwichtigste Volkswirtschaft Afrikas. Dies ist vor allem auf den Abbau der reichhaltigen Bodenschätze wie Zinn, Eisen-, Blei-, Zinkerz, Kohle und Kalk zurückzuführen. Dominiert wird die nigerianische Wirtschaft aber von der Erdöl- und Erdgasförderung. Nigeria gehört zu den zehn größten Erdölexporteuren der Welt und ist der zweitgrößte Erdölproduzent Afrikas. Über 80 % der gesamten Einnahmen, 90 % der Exporterlöse und 35 % des Bruttoinlandsprodukts generieren sich aus den Erdölgeschäften.

Trotz dieser Akzentuierung der Erdölförderung ist Nigeria nach wie vor agrarisch geprägt: 83,7% der Landesfläche werden landwirtschaftlich genutzt und die Bruttowertschöpfung des landwirtschaftlichen Sektors beträgt etwa ein Drittel des BIP. Produziert werden Nahrungsmittel für den Eigenbedarf durch Millionen von Kleinbauern sowie Cash Crops (Kakao, Erdnüsse, Kautschuk, Cassava, Jamswurzel) auf Großfarmen für den Export. Durch eine staatliche Förderung des Agrarsektors im Rahmen von Wirtschaftsreformen der Regierung konnte darüber hinaus in den letzten Jahren die Produktivität der Landwirtschaft mittels finanzieller und technischer Anreize (Düngermittel, Maschinisierung, Ausbau des Transportnetzwerkes) deutlich gesteigert werden.
Insofern nutzt Nigeria sein naturräumliches Potenzial intensiv.

4 Beurteilen Sie den Aussagewert der statistischen Daten Nigerias.

Während die Daten der deutschen amtlichen Statistik als sehr verlässlich gelten, muss man das Zahlenmaterial Nigerias zumindest kritisch hinterfragen. Aus der Sicht der Statistiker hat sich in den letzten Jahren die Datengrundlage zwar verbessert, aber nach wie vor weist sie deutliche Beschränkungen auf. Die Berechnungsmethoden sind häufig noch ungenügend, wichtige Indikatoren zum ganzheitlichen Erfassen von Entwicklungen werden gar nicht, nur lückenhaft oder unzureichend ermittelt. Viele Daten werden nicht genau erhoben werden können, weil die Melderegister nicht gut organisiert sind und viele Entwicklungen entsprechend interpoliert bzw. fortgeschrieben werden müssen. Bei manchen Aussagen muss man auch davon ausgehen, dass die (offiziellen) Zahlen manipuliert oder gar „gefälscht“ wurden, um einen bestimmten Eindruck zu erwecken. Die Interessen an dieser „Zahlenkosmetik“ sind sehr vielschichtig: Zum einen möchte man vielleicht die Situation dramatischer darstellen, um weiterhin Fördergelder oder Unterstützung zu bekommen. Zum anderen möchte man evtl. auch den Eindruck fortgeschrittener Entwicklung suggerieren, um von Joint Ventures oder ausländischen Direktinvestitionen zu profitieren.

2.3 Australien – Kolonialisierung als Last?

2.3.1 Schwerpunktmethode: Historienbilder interpretieren

Bilder führen als historische Quellen weitgehend ein Schattendasein, obwohl sie viele zahlreiche Erkenntnismöglichkeiten beinhalten. Vielleicht liegt dies daran, dass Gemälde – im Gegensatz zu der als objektiver eingeschätzten Fotografie – immer eine subjektive Wahrnehmung des Bildinhalts und deren Interpretation durch den Maler darstellen. In der Regel wurden Historien- und Ereignisbilder im Auftrag gemalt, sodass die Künstler das Wirken im Sinne ihrer Auftraggeber darstellen mussten. Insofern stellen viele dieser Bilder auch „Werbeplakate der Vergangenheit" dar. Aber eigentlich sind historische Gemälde auch die Fotografien der Vergangenheit, mit denen Schlachten, Belagerungen, Kapitulationen, Friedensverträge, Streiks, Revolutionen, Konzile, Krönungen, Morde und Exekutionen festgehalten und überliefert werden sollten. Anders als bei zahllosen „normalen" Gemälden ist der Maler (oder sein Auftraggeber) der Überzeugung, dass das aktuelle Ereignis so bedeutsam ist und Geschichte machen werde, dass er es festhalten möchte oder dazu beauftragt wird. Das Historienbild zeigt deshalb oft nicht die eigentliche Gegenwart als Gegenwart, sondern als künftige Vergangenheit. Selbst wenn Künstler unmittelbar Augenzeugen eines Ereignisses waren, haben sie deshalb nicht einfach ein Abbild des Geschehens gemalt, sondern es in ihrem Sinne gedeutet und überhöht.
Heute werden diese Gemälde in vielen Zusammenhängen illustrativ eingesetzt, um „Geschichte anschaulicher" zu machen. Dabei ist dann jedes Bild ein Fenster in die Vergangenheit, weil der Künstler z. B. in der Art der Darstellung, der Farbgebung oder des Hintergrundes Zeitumstände oder Stimmungen ausdrückt. Um diese Informationen einem Gemälde zu entlocken, eignet sich die Methode der Interpretation historischer Bilder.

1. Schritt: Formale Merkmale wiedergeben
Genauso wie bei anderen Quellen können die formalen Merkmale dieser Bildquelle erfasst und wiedergegeben werden:
- das Werk: Titel, Jahr, Beschaffenheit (z. B. Öl auf Leinwand), Größe, Ort (heutige Bezeichnung), einfache Einordnung des historischen Ereignisses, auf das das Werk Bezug nimmt, und Bestimmung des Zeitverhältnisses zwischen Darstellung und dargestellter Welt;
- der Urheber: kurzer biografischer Abriss, v. a. im Hinblick auf das angesprochene Werk und dessen historische Bezüge, persönlicher Bezug zum dargestellten Ereignis (z. B. Augenzeuge), ggf. Hinweise auf das Selbst- und Geschichtsverständnis des Malers;
- der Entstehungszusammenhang und die Mitteilungsabsicht (z. B. Auftraggeber, Mäzen, Adressaten, vorgesehene Verwendung oder Funktion bzw. Kommunikation, z. B. Information, Erinnerung, Lehrmittel, Propaganda, Werbung);
- die Verbreitung (z. B.: Wo wurde das Werk ausgestellt? Wie und für wen war es erreichbar?).

2. Schritt: Bildinhalt beschreiben
Beschreiben Sie, was zu sehen ist. Gehen Sie dabei strukturiert vor, indem Sie entweder das Bild nach Blickfängen (zunächst das Auffällige, dann Details) oder schematisch (Vordergrund, Mittelgrund, Hintergrund; von links nach rechts; von oben nach unten; von der Mitte zum Rand) beschreiben. Versuchen Sie dabei auch auf die Bedeutung der Farben, Licht und Schatten, Verfremdungseffekte oder Symbole genauer einzugehen.
Geben Sie am Ende der Beschreibung Ihren Eindruck wieder, den Sie von dem Bild gewonnen haben.

3. Schritt: Interpretation
Deuten Sie die Auffälligkeiten Ihrer Bildbeschreibung. Berücksichtigen Sie dabei alle Ihnen zur Verfügung stehenden Informationen über die dargestellte Zeit sowie über die Entstehungszeit, den Künstler, den Anlass und den Zweck. Deuten Sie, mit welcher Absicht der Künstler handelte. Dazu werden z. B. die Personen, der Darstellungsstil (z. B. realistisch), die Perspektive, der Standpunkt des Betrachters, Aufbau und Proportionen, Vordergrund und Hintergrund, Farbgebung (z. B. auch Symbolfarben, „natürliche" oder abweichende Farbgebung, optische Hervorhebungen), Helligkeit und Dunkelheit, Figurenkomposition (z. B. Anordnung im Raum) untersucht und die formalen Rahmenbedingungen berücksichtigt.
Weiteren Aufschluss zur Interpretation können Gruppierungen sowie Bezüge zwischen den Figuren (z. B. Haupt- und Nebenfiguren), Accessoires und Symbole der Personen, Blick- und Bewegungsrichtung, Größe oder verdeckte / unverdeckte Personen liefern.

2.3.2 Klausur

1 Beschreiben Sie die Bevölkerungsdichte in Australien (Atlas, M1). (30 %)

2 Erläutern Sie die Siedlungsverteilung in Australien (Atlas, M2). (40 %)

3 Nehmen Sie Stellung, ob und inwieweit die koloniale Besiedlung Australiens mit der in Lateinamerika vergleichbar ist (Atlas, M3 – M7). (30 %)

Bevölkerungsdichte in Australien

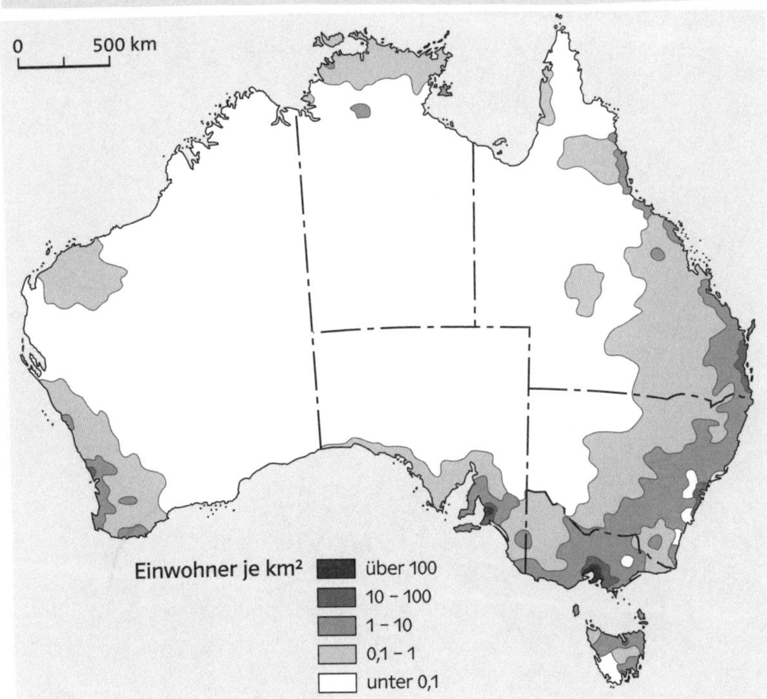

Nach Australian Bureau of Stastics 2013

1

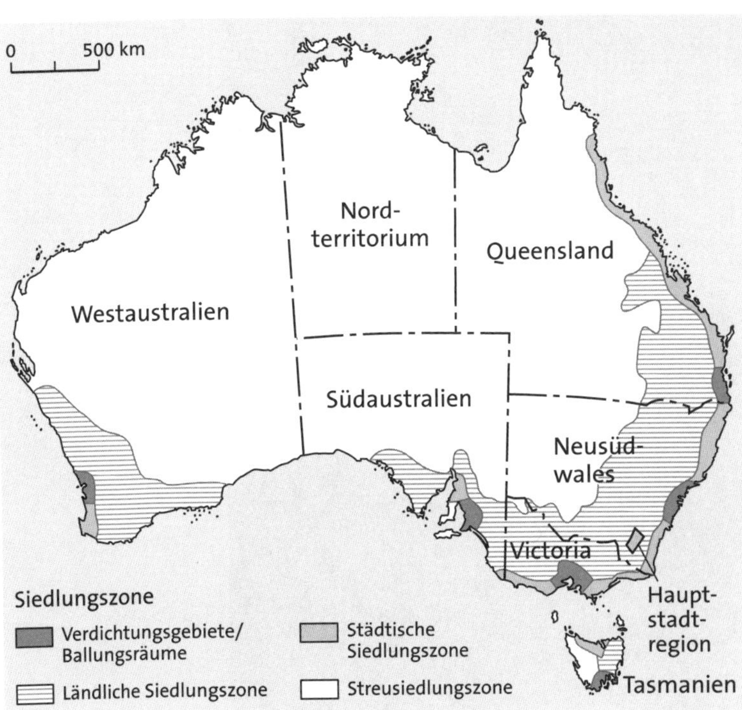

2 Siedlungszonen Australiens

Einwanderung in Australien im 18. und 19. Jahrhundert

„... Die Ankunft der ersten europäischen Zuwanderer im Jahr 1788, die sich überwiegend aus Strafgefangenen zusammensetzten, markierte den Beginn einer über 100 Jahre dauernden Zeitspanne, in deren Verlauf die eigenständigen Kolonien New South Wales, Tasmania, Victoria, South Australia, Queensland und Western Australia jeweils ihre eigene Einwanderungspolitik betrieben. Die Einwanderung nahm zwar im Zeitraum bis zur Gründung des Australischen Bundes 1901 stetig zu, es kam jedoch im Zuge von Goldräuschen und massiver Verschiebungen der Siedlungsgrenzen auch immer wieder zu Einwanderungsspitzen. Die Zuwanderer kamen überwiegend aus England, obwohl auch ein größerer Zustrom von Chinesen in den 70er- und 80er-Jahren des 19. Jahrhunderts einsetzte, als der Abbau von Bodenschätzen seinen Höhepunkt erreichte. Mit der Bildung des Australischen Staatenbundes ging die Einwanderungspolitik auf die neue Bundesregierung über. Eines ihrer ersten Gesetze begründete die White-Australia-Politik, nach der Einwanderung auf Europäer hauptsächlich britischer Herkunft beschränkt wurde ...“

Graeme Hugo: Hintergrundinformationen. Unter www.bpb.de/gesellschaft/migration/laenderprofile/57484/hintergrund, 01.09.2010

3

4 Landung von James Cook an der Botany Bay (Sydney) 1770, Gemälde von E. Phillips Fox (1865–1915), Australien 1902

5 1492: Christopher Columbus entdeckt Amerika für Spanien, Gemälde von John Vanderlyn (1775–1852), 1847

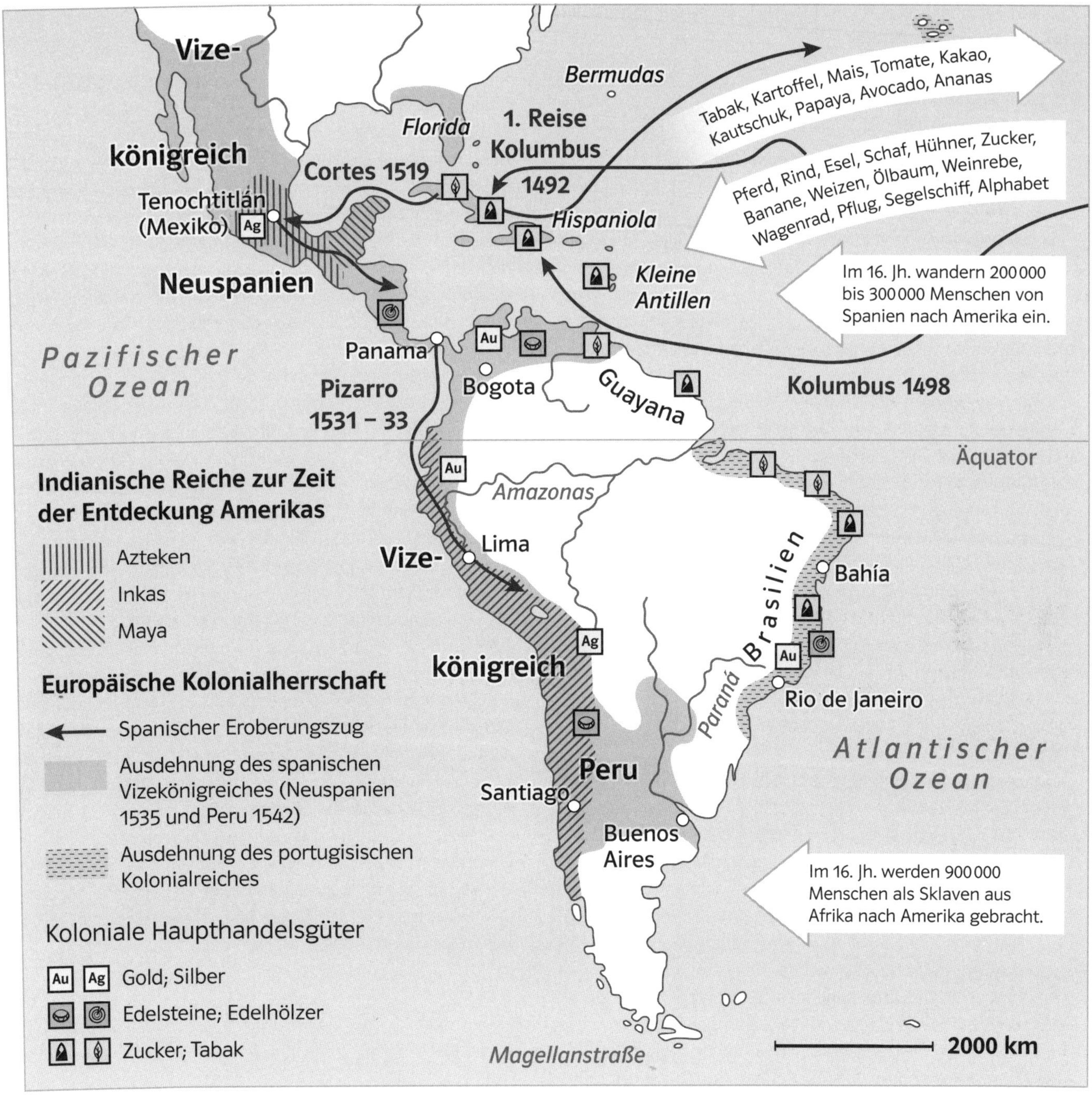

6 Eroberung Lateinamerikas durch die Europäer

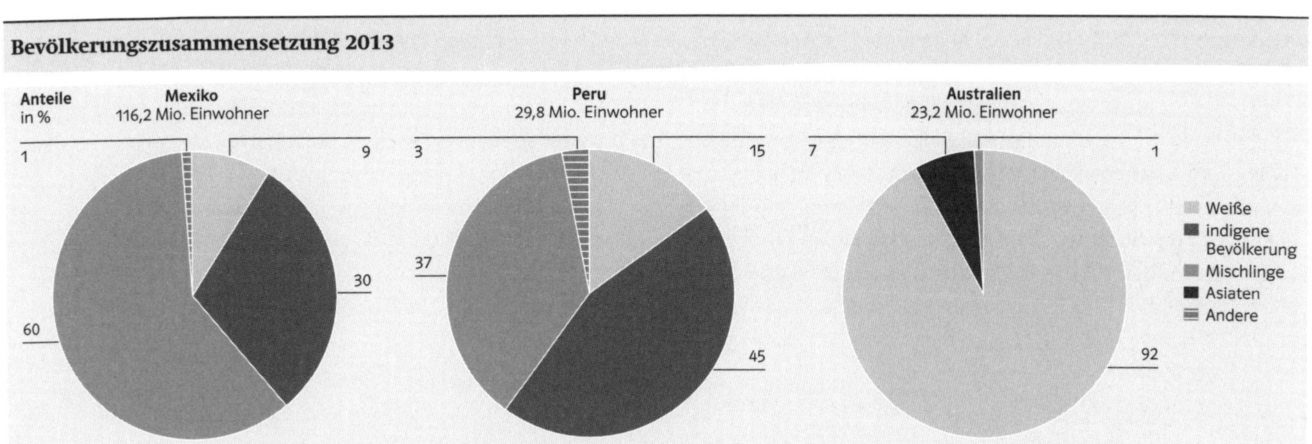

Nach CIA World Factbook, unter www.cia.gov/library/publications/the-world-factbook/index.html

7

2.3.3 Erwartungshorizont (unter Berücksichtigung potenziellen Unterrichtsbezugswissens)

1 Beschreiben Sie die Bevölkerungsdichte in Australien (Atlas, M1).

Australien ist – abgesehen von der Antarktis – der am dünnsten besiedelte Kontinent. Bei einer Gesamtfläche von rund 7,7 km² leben in Australien lediglich knapp 23 Millionen Menschen. Diese verteilen sich sehr unterschiedlich auf die Landfläche: Während in den Küstenregionen relativ viele Menschen leben, sind weite Teile des Inlands nahezu unbewohnt.
Die höchsten Bevölkerungskonzentrationen zeigen sich in den Metropolregionen der Ostküste (v. a. Brisbane und Sydney), an der Südküste (Melbourne) sowie in Perth an der Westküste. In dieser städtischen Siedlungszone erreicht die Bevölkerungsdichte Werte über 10 Ew./km², in den Stadtzentren Sydneys und Melbournes immerhin über 100 Ew./km², teilweise sogar über 1000 Ew./km². Doch die durchschnittliche Bevölkerungsdichte liegt selbst in diesen „dicht besiedelten" Küstengebieten nur zwischen 1 und 10 Ew./km², in Richtung Landesinneres rasch abnehmend.
Im Landesinneren, dem Outback, verlieren sich auf mehr als 80 % der Landesfläche keine 5 % der Bevölkerung Australiens. Entsprechend gering ist die Bevölkerungsdichte: Abgesehen von wenigen kleinstädtischen Bevölkerungskonzentrationen (z. B. Alice Springs) liegen die Werte unter 0,1 Ew./km².

2 Erläutern Sie die Siedlungsverteilung in Australien (Atlas, M2).

Die Siedlungsverteilung ist durch verschiedene Faktoren bedingt. Die Konzentration der städtischen Siedlungen an der Küste ist zum einen historisch erklärbar. Während die australischen Ureinwohner keine großen Siedlungen angelegt hatten, schufen die Briten bei der Erschließung des Kontinentes Hafenstädte, wo sie landeten. Als Kernräume der Verwaltung und Ausgangspunkt der Siedlungsausweitung haben sie ihre Bedeutung bis heute bewahrt und weiter ausgebaut. So repräsentieren sie als Umschlagplätze des Warenverkehrs, kulturelle Zentren und Sitze der Verwaltungen nach wie vor das städtische Leben Australiens. Hier konzentrieren sich die Arbeitsplätze und hier ist die Infrastruktur hervorragend ausgebaut. Innerhalb dieses wenige Prozent umfassenden schmalen Küstenstreifens konzentrieren sich mehr als 80 % der Bevölkerung und der Arbeitsplätze. Allein die fünf Metropolregionen Sydney (4,2 Mio.), Melbourne (3,6 Mio.), Brisbane (1,8 Mio.), Perth (1,5 Mio.) und Adelaide (1,1 Mio.) umfassen mehr als 50 % der Bevölkerung.
Begünstigt wurde diese Entwicklung durch das – im Gegensatz zum Landesinneren – deutlich angenehmere Klima. Die sommerfeuchten subtropischen und z. T. sogar gemäßigten Bereiche der Südostküste Australiens stehen im deutlichen Kontrast zu den z. T. extrem trockenen tropischen und subtropischen Wüsten und Steppengebieten Inneraustraliens.
An die städtische Siedlungszone schließt sich ein breites Band einer ländlichen Siedlungszone an, in der Canberra die einzige Großstadt darstellt. In dem bis zu 500 km breiten Siedlungsband nimmt die Siedlungsdichte schnell in Richtung Landesinneres ab. Aufgrund der extensiven Landwirtschaft war die Siedlungsdichte traditionell gering. Durch Betriebszusammenlegungen und Betriebsaufgaben sind die Bevölkerungszahlen rückläufig, was auch einen Rückzug der Versorgungseinrichtungen zur Folge hat. Dadurch verlieren diese Gebiete weiter an Attraktivität, sodass einige Kleinstädte um ihre Existenz bangen.
Die riesige Streusiedlungszone in großen Teilen Australiens ist charakteristisch für das Outback. Hier liegen „benachbarte" Farmen mehrere Hundert Kilometer voneinander entfernt. Entsprechend wenig ausgebaut ist die Verkehrsinfrastruktur. Auch das Netz mit Versorgungs- und Verwaltungseinrichtungen ist sehr weitmaschig; Kulturangebote, Naherholungs-, Sport- und Freizeitmöglichkeiten gibt es quasi gar nicht. Allerdings ist die Kommunikationsinfrastruktur hervorragend, sodass die Bewohner des Outbacks keineswegs „Hinterwäldler" sind, sondern umfassend informiert sind.
Zwei besondere Siedlungstypen sollten erwähnt werden, die diese historisch und naturräumlich bedingte Siedlungsverteilung durchbrechen: Touristenstädte und Bergbaustädte. Touristenstädte haben sich dort entwickelt, wo der Ferntourismus abseits der Küstenmetropolen attraktive Stätten bietet (v. a. Alice Springs als Ausgangsort für Fahrten zum Uluru / Ayers Rock) oder für den Binnentourismus Reiseziele ausgebaut wurden (z. B. Albury an den Australischen Alpen als Ausgangspunkt für den Wintersport; Nationalparks, Stauseen). Die Bergbaustädte in ihrer sehr isolierten Lage sind Ergebnis des Rohstoffabbaus in z. T. sehr unwirtlichen Gebieten, z. B. Mount Isa (Buntmetalle), Coober Pey (Opale), Kalgoorlie (Gold).

3 Nehmen Sie Stellung, ob und inwieweit die koloniale Besiedlung Australiens mit der in Lateinamerika vergleichbar ist (Atlas, M3 – M7).

Die kolonialen Besiedlungen weisen nur wenige Gemeinsamkeiten, dafür umso mehr Unterschiede auf. Die Entdeckung Lateinamerikas und die dann folgende Inbesitznahme passierte wesentlich früher (15. Jahrhundert) als in Australien (18. Jahrhundert). Während die spanischen Konquistadoren auf indianische Hochkulturen stießen, waren die Aborigines weder so hoch entwickelt, noch hatten sie vergleichbare Organisationsformen ausgebildet.
Auch schätzt man die Zahl der Ureinwohner mit 350 000 – 700 000 deutlich geringer als in Lateinamerika (etwa 75 Mio.). Gleichwohl wurden sowohl in Lateinamerika als auch in Australien die Ureinwohner rücksichtslos verdrängt und

ihre Kulturen zerstört. Durch eingeschleppte Krankheiten und brutales Vorgehen der Kolonialmächte wurde die Bevölkerung erheblich dezimiert. In Lateinamerika geht man von Bevölkerungsverlusten bis zu 90% innerhalb der ersten 80 Jahre seit der Entdeckung aus. Der Anteil der dort siedelnden Europäer blieb aber relativ klein, weswegen die indianische Bevölkerung bis heute vorherrschend ist. Demgegenüber ist Australien weitgehend durch Europäer besiedelt worden, sodass die Aborigines nur noch einen Bruchteil (<1%) der Gesamtbevölkerung ausmachen.
Während sich die Spanier an den Strukturen der indianischen Hochkulturen orientierten und ihre Siedlungsplätze teilweise übernahmen (z. B. Mexiko, Cuzco), handelt es sich bei den ersten britischen Siedlungen in Australien um Neugründungen. Der Reichtum der Indianer lockte sofort zahlreiche spanische Expeditionen nach Amerika, die gezielt die Ausbeutung der Einheimischen und ihrer Rohstoffe verfolgten (v. a. Cortez und Pizarro). Demgegenüber sahen die Briten in Australien zunächst eine Strafkolonie zur Entlastung der britischen Gefängnisse und einen Marinestützpunkt. Nachrangig waren hier die Naturressourcen.
Während die Spanier schon bald die Arbeitskraft der Einheimischen in den Bergwerken und auf den Plantagen ausbeuteten, fand dies in Australien kaum statt. Vielmehr verdrängten die sich immer weiter ausdehnenden Farmen die Aborigines. Die Farmen selbst produzierten v. a. bekannte Produkte (Schafwolle), während auf den Plantagen „Kolonialwaren" angebaut wurden, die in Europa teuer abgesetzt werden konnten: Südfrüchte, Kautschuk, Kakao, Kaffee etc. Zahlreiche Nutzpflanzen der Einheimischen wurden in Lateinamerika übernommen, während Vergleichbares in Australien gar nicht stattfand.
Überhaupt standen die Spanier im regen Kontakt mit den Einheimischen, bemühten sich um die Missionierung und überprägten die Indianer mit Sprache und Kultur. Demgegenüber gab es zwischen Briten und Aborigines kaum Kontakte, wenngleich durch die Verdrängung aus ihren angestammten Siedlungsgebieten die Kultur der Aborigines auch teilweise verloren ging.

2.4 Gezeitenkraftwerk – Technologie der Zukunft?

2.4.1 Schwerpunktmethode: Sachtexte auswerten

Sachtexte zeichnen sich oft durch dicht gedrängte Informationen in einer komplizierten Sprache mit zahlreichen Fremdwörtern aus. So muss man zur Auswertung von Sachtexten Unbekanntes klären, Unwichtiges weglassen und Bedeutsames berücksichtigen. Dabei hilft folgende schrittweise vorgehende Methode.

1. Schritt: Aufgabenstellung beachten
Machen Sie sich bewusst, welche Aufgabenstellung mithilfe der Informationen aus dem Sachtext bearbeitet werden soll, z. B.: Standortfaktoren für den Betrieb eines Gezeitenkraftwerks.

2. Schritt: Markierungen innerhalb des Textes machen
Markieren Sie beim Lesen des Textes unbekannte Begriffe (gelbe Markierung), Informationen zur Lösung des Arbeitsauftrages (grüne Markierung) und wichtige Fachbegriffe, die bei der Bearbeitung relevant sind (blaue Markierung). Manchmal sind diese Schlüsselbegriffe auch zur Lösung des Arbeitsauftrages nötig, aber es reicht dann eine Markierung.

3. Schritt: Unbekannte Begriffe klären
Klären Sie mit den zugelassenen Hilfsmitteln wie Atlas und Wörterbuch (oder bei Hausaufgaben Lexikon, Schulbuch, Internet oder Fachwissen von Experten) die unbekannten Wörter, um die Aussage des Sachtextes im vollen Umfang zu verstehen. Notieren Sie die entsprechenden Informationen am Seitenrand oder unterhalb des Textes.

4. Schritt: Lösungsansatz strukturieren
Finden Sie die Zusammenhänge einzelner Aussagen heraus. Unterscheiden Sie dabei zwischen Ursachen und Folgen. Verzichten Sie auf unnötig weitschweifige Formulierungen, sondern konzentrieren Sie sich auf die Verwendung der Schlüssel- und Fachbegriffe.

5. Schritt: Informationen ergänzen
Verschaffen Sie sich nötigenfalls geeignete Zusatzinformationen, die bei der Bearbeitung der Aufgabe hilfreich sind (z. B. im weiteren Material).

6. Schritt: Ergebnis darstellen
Stellen Sie Ihre Bearbeitung in der der Aufgabenstellung entsprechenden Form – z. B. Zusammenfassung, Wirkungsschema – dar.

Beispiel:

Voraussetzungen zum Betrieb eines Gezeitenkraftwerkes
Voraussetzung für den Bau eines Gezeitenkraftwerks ist ein großer Tidenhub, eine Meeresbucht sowie oft eine Flussmündung. Der Unterschied zwischen Ebbe und Flut muss mindestens fünf Meter betragen. Doch viele Gezeitenkraftwerke werden mit einem Staudamm an großen Meeresbuchten gebaut, die zusätzlich mit einem ausreichenden großen Speicherbecken ausgestattet sind. Natürlich müssen diese vom offenen Meer, See oder Fluss abtrennbar sein. In dem Staudamm befinden sich Öffnungen, die mit Turbinen ausgestattet sind. So kann das Wasser nur durch die Turbinen strömen. Es werden dabei keine normalen Turbinen verwendet, sondern Zweiwegturbinen. Die Zweiwegturbinen können je nach Ebbe und Flut strömen: Bei Ebbe fließt das Wasser aufwärts und bei Flut abwärts. Normale Turbinen könnten nur in eine Richtung arbeiten. Zweigwegturbinen bieten somit einen erheblichen Vorteil bei der Ausstattung. Der Durchmesser einer Turbine beträgt ca. zehn Meter.

1

Begriffe klären
Tidenhub: durchschnittlicher Höhenunterschied zwischen dem Pegelstand bei Niedrigwasser und bei Hochwasser (Schulbuch).
Turbine: Maschine, bei der eine durchströmende Flüssigkeit Schaufeln antreibt, sodass Bewegungsenergie entsteht. Damit kann ein Generator angetrieben werden, der wiederum elektrische Energie erzeugt (Lexikon).
Zweiwegturbine: Da die durch den Gezeitenwechsel verursachte Strömung viermal am Tag ihre Richtung wechselt, verwendet man für Gezeitenkraftwerke sogenannte Zweiwegturbinen. Diese können in beide Durchströmungsrichtungen arbeiten – bei Flut das einlaufende Wasser von der Meeresseite, bei Ebbe das abfließende Wasser von der Buchtseite (Experte).

M1 können weitere relevante Zusatzinformationen entnommen werden, die zum Textverständnis beitragen:
- Bau von Gezeitenkraftwerken an Meeresbuchten und in Ästuaren;
- Abtrennung der Meeresbucht durch Staumauer;
- Turbinen wandeln potenzielle Energie („Energie der Lage") in mechanische Energie;
- Antrieb eines Generators zur Stromerzeugung;
- Betrieb der Turbinen in beide Richtungen, dadurch „doppelt wirksam".

2.4.2 Klausur

1 Beschreiben Sie unter Berücksichtigung von Sihwa-ho in Südkorea die relevanten Standortfaktoren eines Gezeitenkraftwerks (M1 – M3, M6). (30 %)

2 Erläutern Sie die Rolle, die Gezeitenkraftwerke bei der Lösung der Energieprobleme in Zukunft übernehmen können (M3, M5, M6). (40 %)

3 Nehmen Sie Stellung, ob und inwieweit das Meer als Energielieferant der Zukunft in den Planungen eine größere Rolle spielen sollte (M3, M5, M6). (30 %)

Funktionsweise eines Gezeitenkraftwerks

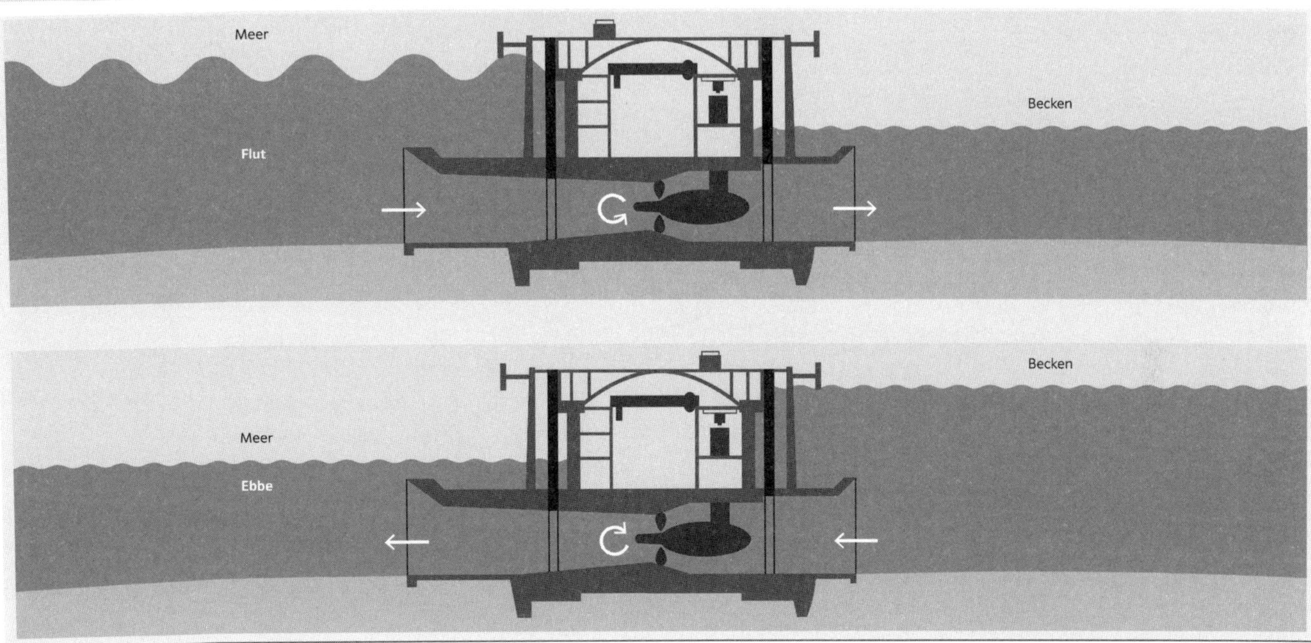

M1

Funktionsweise eines Gezeitenkraftwerks

Funktionsbasis von Gezeitenkraftwerken ist die sogenannte Gezeitenenergie.
Diese wird vom Mond beeinflusst, der die ihm zugewandte Meeresseite anzieht. Die Wassermasse auf der gegenüberliegenden Seite der Erde bewegt sich derweil entgegengesetzt, damit das Gleichgewicht der Erde nicht gestört wird. Die Erde dreht sich demnach unter diesen Wellenbergen hinweg, ohne sie „mitzunehmen". So entstehen Ebbe und Flut, die sich alle sechs Stunden abwechseln. Die Energie liefert also sozusagen die Erdrotation, die durch den Betrieb eines Gezeitenkraftwerks minimal abgebremst wird.
Fazit: Das Gezeitenkraftwerk nutzt die Energie, die durch die Bewegung des Wassers aufgrund der Gezeiten entsteht. Errichtet werden Gezeitenkraftwerke an Meeresbuchten und in Ästuaren (Trichtermündungen von Flüssen oder Strömen), indem ganze Meeresbuchten durch Staumauern vom Meer abgetrennt werden und dadurch eine Art Becken bilden. Zuerst einmal ist das Staubecken leer und die Turbinenleitungen sind geschlossen, während die Flut ansteigt. Sobald die Flut am höchsten steht, werden die Turbinenleitungen geöffnet, worauf dann Wasser in das Becken einfließt und die Turbinen antreibt.
Durch die starke Strömung wandeln die Turbinen die potenzielle Energie („Energie der Lage") bzw. kinetische Energie (Bewegungsenergie) des Wassers in mechanische Energie um und treiben mit dieser Rotationsenergie den Generator an, es wird Strom erzeugt.
Da der Druck des Wassers beim Eintritt am höchsten ist und bis zum Austritt stetig abnimmt, werden jedes Mal sowohl kinetische als auch potenzielle Energie auf das Laufrad der Turbine übertragen. Von daher arbeiten Gezeitenkraftwerke mit Überdruckturbinen. Sobald die Flut am höchsten steht, werden sowohl das Becken als auch die Turbinenleitungen geschlossen. Ist das Becken voll, wird bis zur Ebbe gewartet, um es bei ihrem Eintreten zu leeren, sodass das herausströmende Wasser wieder die Turbinen antreibt. Gezeitenkraftwerke werden quasi in beide Richtungen betrieben, sind also „doppelt wirksam".

M2

Voraussetzungen zum Betrieb eines Gezeitenkraftwerkes

Voraussetzung für den Bau eines Gezeitenkraftwerks ist ein großer Tidenhub, eine Meeresbucht sowie oft eine Flussmündung. Der Unterschied zwischen Ebbe und Flut muss mindestens fünf Meter betragen. Doch viele Gezeitenkraftwerke werden mit einem Staudamm an großen Meeresbuchten gebaut, die zusätzlich mit einem ausreichend großen Speicherbecken ausgestattet sind. Natürlich müssen diese vom offenen Meer, See oder Fluss abtrennbar sein. In dem Staudamm befinden sich Öffnungen, die mit Turbinen ausgestattet sind. So kann das Wasser nur durch die Turbinen strömen. Es werden dabei keine normalen Turbinen verwendet, sondern Zweiwegturbinen. Die Zweiwegturbinen können je nach Ebbe und Flut strömen: Bei Ebbe fließt das Wasser aufwärts und bei Flut abwärts. Normale Turbinen könnten nur in eine Richtung arbeiten. Zweigwegturbinen bieten somit einen erheblichen Vorteil bei der Ausstattung. Der Durchmesser einer Turbine beträgt ca. zehn Meter.

3

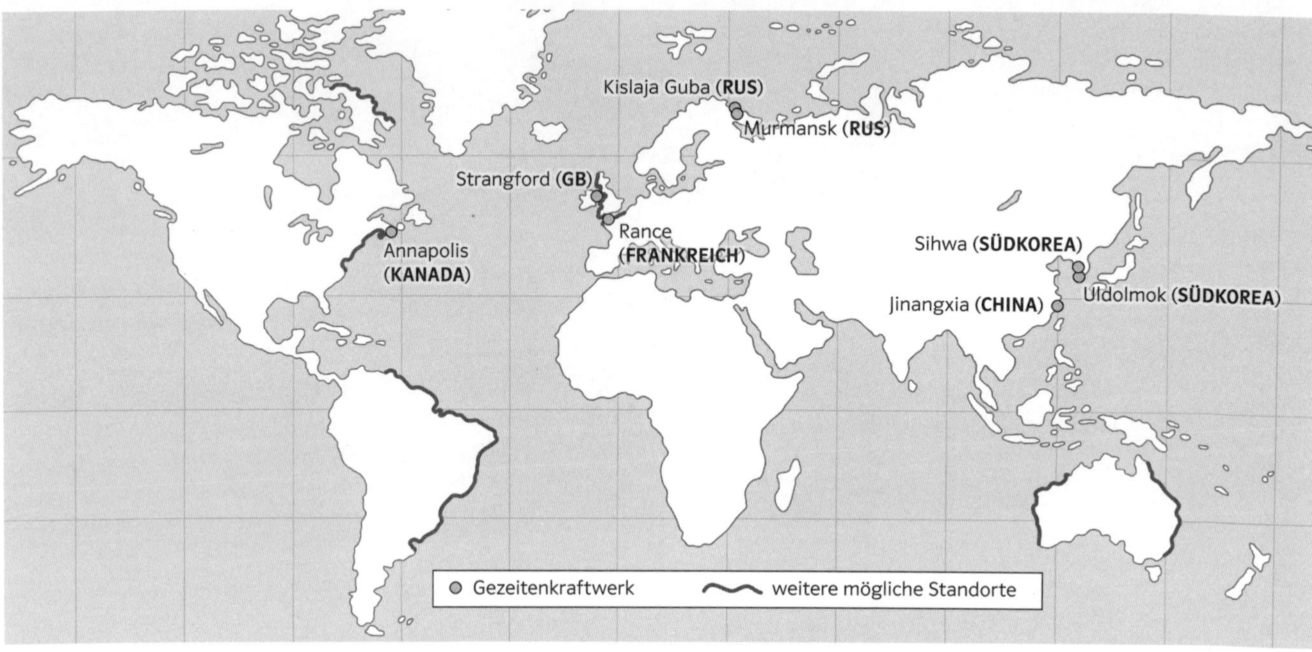

4 Gezeitenkraftwerke auf der Erde und Küsten mit günstigen Voraussetzungen für weitere Standorte

Vor- und Nachteile von Gezeitenkraftwerken

„... Die ökologischen Vorteile von Gezeitenkraftwerken werden nicht etwa durch technische Probleme oder die wirtschaftliche Rentabilität in Frage gestellt, sondern von den Umweltexperten selbst. Anlass ist der tief greifende Einschnitt in das komplexe Ökosystem an den Küsten, wie ihn ein Gezeitenkraftwerk unweigerlich darstellt. Sie verschieben den 12-Stunden-Zyklus, verändern die Lebensbedingungen für die Flora und Fauna im Meer und behindern vor allem die Wege der Meeresbewohner in ihrem angestammten Lebensraum.

Da Ebbe und Flut zyklische Bewegungen sind, die nur aller 12 Stunden und 24 Minuten auftreten, kann auch keine kontinuierliche Stromproduktion erfolgen – es sei denn, das Gezeitenkraftwerk arbeitet auch als Pumpspeicherkraftwerk. Dazu muss allerdings zusätzliche Energie aufgewendet werden, um Wasservorräte während der Hochstandzeiten abzupumpen und als potenzielle Energie zu nutzen. Der Wartungsaufwand an Gezeitenkraftwerken ist sehr hoch, da das Salzwasser überdurchschnittliche Korrosionsschäden verursacht.

Das nunmehr weltgrößte Gezeitenkraftwerk im südkoreanischen Sihwa und die Planungen vor der englischen Küste, die dem Meer 5 % des britischen Strombedarfs entnehmen wollen, zeigen jedoch, dass Gezeitenkraftwerke an geeigneten Stellen eine lohnende Alternative zu den fossilen Brennträgern oder zur Atomkraft darstellen. Vor allem haben sie den Beweis geliefert, dass die Meereswasserkraft für den Menschen nutzbar ist ...“

www.web-gas.info/gas-ratgeber/erneuerbare-energie/gezeitenkraftwerk-energie-aus-dem-meer.html, Okt. 2014

5

Sihwa-Kraftwerk – größtes Gezeitenkraftwerk der Welt

Im August 2011 wurde 40 Kilometer südwestlich von Seoul in Südkorea das weltgrößte Gezeitenkraftwerk in Betrieb genommen. Im „Seaturtle Tidal Park" nutzen Turbinen in einer Wassertiefe von 22 Metern den Tidenhub von acht Metern aus. Das Sihwa-Kraftwerk hat eine Nennleistung von 254 Megawatt, läuft derzeit aber noch im Testbetrieb. Das Feintuning soll in ein bis zwei Jahren abgeschlossen sein und das Kraftwerk dann in der Gewinnzone arbeiten.
Das Gezeitenkraftwerk am Sihwa-See steht für ein neues Kapitel der Energieerzeugung in Südkorea. Es ersetzt die Einfuhr von etwa 860 000 Barrel Erdöl im Wert von 30 Millionen US-Dollar, spart 315 000 Tonnen Kohlenstoffdioxid ein und trägt durch die stetige Zirkulation des Meerwassers wesentlich zur Verbesserung der Wasserqualität des nach der Errichtung des Staudammes stark verschmutzten Sihwa-Sees bei.
Allerdings sind mit dem Kraftwerkbau auch erhebliche Eingriffe in die Natur verbunden: Die Fischer meinen, dass die Turbinen die Meeresströmungen so verändern, dass sie nichts mehr fangen.

6

2.4.3 Erwartungshorizont

1 Beschreiben Sie unter Berücksichtigung von Sihwa-ho in Südkorea die relevanten Standortfaktoren eines Gezeitenkraftwerks (M1 – M3, M6).

Als Standortfaktoren für den Bau eines Gezeitenkraftwerkes müssen ein großer Tidenhub sowie die Lage an einer großen, möglichst leicht zu schließenden Bucht angeführt werden. Beim Tidenhub wird von einem Minimum bei ca. fünf Meter ausgegangen, damit das Kraftwerk rentabel arbeiten kann. Die Bucht resp. die Flussmündung werden durch eine Sperrmauer abgetrennt, sodass sich ein natürliches Speicherbecken ergibt. Aus diesem fließt bei Ebbe eine große Menge Wasser heraus, das die Turbinen innerhalb der Sperrmauer antreibt, und bei Flut wieder hinein.

Der Standort für das Sihwa-Kraftwerk ist günstig gewählt. Der Tidenhub ist mit acht Metern relativ hoch, sodass die Energie des fließenden Wassers bei Ebbe und Flut ebenfalls hoch ist. Ferner wird mit dem Sihwasee ein natürliches Wasserrückhaltebecken genutzt, das durch den Damm vom Gelben Meer abgetrennt wird. Die Nähe zu Seoul garantiert die Abnahme der produzierten Energie. Dadurch möchte Südkorea etwas unabhängiger von den immer teureren Ölimporten werden.

Allerdings sind bei dem Bau erhebliche Eingriffe in die Natur nötig gewesen. Diese führten zu einer Verschmutzung des Sihwasees, dessen Wasserqualität sich nun durch die Zirkulation des Meerwassers wieder verbessert. Ferner gehen die ansässigen Fischer davon aus, dass die Eingriffe in die Natur sowie vor allem die Turbinen die Meeresströmungen beeinflusst haben, sodass nun der Fischfang rückläufig ist.

2 Erläutern Sie die Rolle, die Gezeitenkraftwerke bei der Lösung der Energieprobleme in Zukunft übernehmen können (M3, M5, M6).

Obwohl es auf der Welt nur sehr wenige Beispiele für Gezeitenkraftwerke gibt, zeigt La Rance (Frankreich) durch seine mehr als 40 Jahre dauernde erfolgreiche Laufzeit, dass diese zuverlässig betrieben werden können. Die Energieprobleme der Zukunft können Gezeitenkraftwerke aber nicht lösen. Dazu gibt es zu wenige geeignete Standorte, dafür sind die Investitionskosten zu hoch und dafür produzieren sie – trotz ihrer gewaltigen Ausbeute – zu wenig Energie. Ferner können Gezeitenkraftwerke konventionelle Kraftwerke wegen der unterbrochenen Energieproduktion nicht ersetzen. Die Energiegewinnung kann weder kontinuierlich den ganzen Tag über noch jeweils zu Spitzenbedarfszeiten stattfinden. Die Stromerzeugung ist abhängig von den sich zeitlich immer verschiebenden Gezeiten und man kann nur über einen gewissen Zeitraum Energie gewinnen. Entweder laufen die Turbinen bereits bei einem geringen Wasserspiegelunterschied zwischen Meer und Becken an, was zu einer relativ geringen Energieausbeute über einen längeren Zeitraum führt, oder man nutzt einen größeren Wasserspiegelunterschied, bei dem das Wasser schneller fließt, was zu einem hohen Energiegewinn für eine kurze Zeitdauer führt.

Schließlich sind Gezeitenkraftwerke an sehr spezielle Standortfaktoren gebunden, sodass ihr Betrieb nicht automatisch dort möglich ist, wo ein hoher Energiebedarf besteht. Außerdem zeigt sich auch, dass es nur an wenigen Küsten (West- und Ostküste Australiens, Ostküste Nordamerikas, Ostküste Südamerikas, Kanalküste in Europa, Westküste Großbritanniens) geeignete Standorte für Gezeitenkraftwerke gibt.

3 Nehmen Sie Stellung, ob und inwieweit das Meer als Energielieferant der Zukunft in den Planungen eine größere Rolle spielen sollte (M3, M5, M6).

Die Energieumsetzungen im Meer durch Gezeiten und Wellenkraft ist so ungeheuer groß, dass langfristig eine intensivere Nutzung unbedingt angestrebt werden sollte. Obwohl die Nutzungsmöglichkeiten verhältnismäßig begrenzt erscheinen, wird die Energiegewinnung aus dem Meer angesichts steigenden Bedarfs und steigender Preise eine deutlich größere Rolle spielen. Viele Ansätze zur Gewinnung von Energie aus dem Meer sind bereits unternommen worden, z.T. auch mit vielversprechenden Ergebnissen.

Interessant sind zunächst küstennahe Bereiche mit einer Wassertiefe unter 100 Metern, da die erzeugte Energie relativ problemlos ans Ufer transportiert werden kann und notwendige Wartungsarbeiten keinen größeren Aufwand erfordern. Bis jetzt sind es vor allem Gezeitenkraftwerke, die gewinnbringend und „sauber" arbeiten. Auch wenn es bislang nur vereinzelte Standorte sind, so haben sie sich schon in der Praxis über Jahrzehnte bewährt.

Die Nutzung der Wellenenergie des Meeres ist bisher nicht über den Status eines Prototyps hinausgekommen. Natürlich liegt es auf der Hand, die Energie der Brandung auflaufender Wellen zu nutzen, doch die praktische Realisierung ist schwer: Die Energie der Wellen müsste durch mechanische Kraftübertragung (Antreiben von Turbinen) nutzbar gemacht werden. Wellenkraftwerke lassen sich im Schelfbereich problemlos installieren, vorausgesetzt, die Wassertiefe überschreitet 100 Meter nicht und die Wellenhöhe liegt zwischen drei und sechs Metern.

Nach einem ähnlichen Prinzip funktionieren Meeresströmungskraftwerke, bei denen riesige Propeller unter Wasser durch die Meeresströmungen angetrieben werden. Sie benötigen entsprechende Strömungsgeschwindigkeiten und eine ausreichende Wassertiefe. Dafür verläuft die Energiegewinnung kontinuierlich. Abgesehen davon, dass ein solcher Eingriff beispielsweise in den Golfstrom nur bedingt vertretbar ist, müssten die Propellerturbinen für eine effiziente Nutzung einen Durchmesser von ca. 45 m haben, was aufwendig in der Konstruktion, kostspielig im Bau, anfällig im Betrieb und teuer in der Unterhaltung / Reparatur ist.

Die Nutzung der Temperaturunterschiede im Meerwasser ist vom Wirkungsprinzip her einfach, allerdings scheitert der Bau von Meereswärmekraftwerken in europäischen Gewässern wegen der zu niedrigen Wassertemperaturen und der zu

geringen Wassertiefe, die für die erforderliche Temperaturdifferenz unabdingbar sind. Prototypen gibt es am Golf von Guinea und auf Hawaii, wo durch die natürlichen Gegebenheiten (steil abfallende Küsten, große Wassertiefe mit entsprechenden Temperaturunterschieden) eine Anlage zeitweise (1993 – 1998) erfolgreich betrieben werden konnte. Insgesamt handelt es sich bei der thermodynamischen Energieerzeugung aus dem Meer bisher um Forschungsbemühungen, die aber wegweisend sein können.
Die Energieerzeugung auf dem Meer hat gegenwärtig noch den eindeutig höheren Stellenwert. Es handelt sich vor allem um Windkraftanlagen, die das Meer gewissermaßen nur als Standort nutzen. Die Nutzung der Offshore-Bereiche gegenüber den Onshore-Bereichen wird immer stärker. Trotz der ökologischen Bedenken sind die Proteste deutlich geringer als im Landesinneren. Während im Binnenland die lukrativen Flächen weitgehend ausgeschöpft sind, bietet der Schelfbereich noch nahezu unbegrenzte Ausdehnungsmöglichkeiten. Den höheren Baukosten stehen die Gewinne aufgrund der im Vergleich zum Binnenland konstanteren Winde gegenüber, die aus dem Land-See-Wind-Phänomen und den fehlenden Hindernissen (Bebauung, Vegetation, Relief) resultieren.
Zum Abschluss der Stellungnahme muss deutlich werden, dass eine deutlich stärkere Nutzung der Meere zur Energieerzeugung in Zukunft unumgänglich ist. Dafür sprechen die ungeheuren Energiepotenziale des Meeres, die bisher weitgehend ungenutzt bleiben, die „saubere Energiegewinnung“ frei von CO_2-Austoß sowie die großen technischen Fortschritte in den letzten Jahren bei der Entwicklung von Nutzungsformen. Als Bedenken könnten die hohen Investitionskosten sowohl für Entwicklung als auch für den Betrieb (die aber auch bei allen anderen Formen der alternativen Energiegewinnung anfallen) sowie die bei der Energiegewinnung nötigen Eingriffe in das Ökosystem Meer angeführt werden.

2.5 Kulturbeziehungen im Kontext der Globalisierung

2.5.1 Schwerpunktmethode: Karikaturen auswerten

Karikaturen sind ein beliebtes Medium in Klausuren, weil sie oft auf feinsinnige Weise Probleme aufgreifen und sehr pointiert darstellen. Allerdings sind Karikaturen oft nicht auf den ersten Blick zu verstehen, da zum einen der Karikaturist durch die überspitzte oder übertriebene Darstellung die „Wirklichkeit“ in seinem Sinne mithilfe von Ironie oder zynischem Sarkasmus verfremdet oder verzerrt. Dadurch möchte er Widersprüche aufzeigen oder Missstände bloßstellen.
Zum anderen müssen Karikaturen im Zusammenhang mit dem aktuellen Zeitgeschehen betrachtet werden, auf welches sich Karikaturen meistens beziehen. Diese Ereignisse werden oft parteiisch, einseitig bewertend dargestellt, um sie zu hinterfragen oder lächerlich zu machen. Dadurch lösen Karikaturen in der Regel sowohl Zustimmung als auch Widerspruch aus, sodass hinter der Fassade der harmlosen Zeichnung oft eine klare Kritik und Beurteilung stecken.
Bei der Auswertung einer Karikatur kann man sich an folgendem Dreischritt orientieren: Beschreiben - Analysieren - Beurteilen.

1. Schritt: Beschreiben
Grundvoraussetzung für das Verständnis einer Karikatur ist„ dass Sie die bildliche Darstellung richtig erfassen und dazu die Details genau beschreiben. Orientieren Sie sich dabei an folgenden Leitfragen:
- Was wird dargestellt?
- Wie ist der Bildaufbau gestaltet (Vordergrund / Hintergrund)?
- Welche zeichnerischen Mittel werden eingesetzt (Schattierungen, Farbgebung, Verzerrungen)?

2. Schritt: Analysieren / Erfassen der Aussageabsicht
Karikaturisten verwenden Zeichen und Symbole, die stellvertretend für bestimmte Aussagen stehen und in einer bloßen Beschreibung nicht ausreichend erfasst werden. Diese müssen zunächst gedeutet werden, um die Aussage der Karikatur zu erkennen.
Häufig werden ikonische Bildzeichen verwendet, z.B. das Dollarzeichen für Geldgier, ein Fass für Erdöl oder Handfesseln für Unfreiheit.
Daneben gibt es Zeichen, die zwar keinen sofort erschließbaren Zusammenhang aufzeigen, sich aber als Symbole und Stellvertreter etabliert haben: Mann mit Zipfelmütze für deutschen Bürger (Deutscher Michel), hagerer Mann mit Zylinder und langem Bart für die USA (Uncle Sam) oder der Bär für Berlin resp. Russland.
Schließlich werden (mehr oder weniger) bekannte Persönlichkeiten überzeichnet dargestellt, die erst identifiziert werden müssen.

1 Beispiele für Überzeichnungen bekannter Politiker

Nachdem Sie die Symbole innerhalb der Karikatur aufgedeckt und entschlüsselt haben, erfolgt die eigentliche Erfassung der Aussageabsicht. Orientieren Sie sich dabei an folgenden Fragen:
- Welches Problem wird dargestellt?
- Welche Informationen liefern Über- bzw. Unterschrift und Sprechblasen innerhalb der Karikatur?
- Wer oder was wird angegriffen?
- Welche Intention verfolgt der Karikaturist?

3. Schritt: Beurteilen
Ziel einer Karikatur ist es, auf ironisch überspitzte und dadurch lustige Weise einen Missstand darzustellen, sodass die Kritik an den Verantwortlichen deutlich wird. Sie müssen sich eine eigne Meinung bilden, ob und inwieweit Sie der Kritik in der Karikatur zustimmen:
- Ist die Sichtweise des Zeichners berechtigt?
- Was ist Ihrer Meinung nach übertrieben oder verharmlost?
- Ist der Missstand umfassend oder nur sehr einseitig dargestellt?
- Wie wirkt die Karikatur auf Sie?

2

Beispiel M2

1. Beschreiben

Im Mittelpunkt der Karikatur steht ein mit Lendenschurz bekleideter Indianerjunge, der einem größeren Indianer seinen Fund mitteilt: „Look what I discovered!". Dabei deutet er mit dem Daumen hinter sich auf einen Mann mit Brustpanzer und Schwert, der stolz die Nase in die Höhe reckt. Im rechten Bildhintergrund sieht man schemenhaft einige weitere Männer sowie drei Schiffe auf dem Meer. Im linken Bildhintergrund sind Palmen zu erkennen.

2. Analysieren / Erfassen der Aussageabsicht

Die Szenerie auf der rechten Seite mit den drei Schiffen (Santa Maria, Nina, Pinta) sowie dem Konquistador (Kleidung, Schwert) mit seinen Männern erinnert an die Landung von Kolumbus in Amerika (Bahamas / San Salvador). Die beiden Indianer auf der linken Seite stehen für die Einheimischen in ihrem Lebensraum.

Die Überschrift und Aussage („Look what I discovered!") macht die Kritik in der Karikatur deutlich. Indem der Satz, der eigentlich von den Europäern verwendet wird („Schaut, wir haben Amerika entdeckt!"), nun durch den Indianerjungen ausgesprochen wird, wird die Frage aufgeworfen, wer denn hier wen entdeckt.

3. Beurteilen

Der Karikaturist hinterfragt die oft einseitige Darstellung, Kolumbus hätte Amerika entdeckt. Er weist darauf hin, dass vor Kolumbus der Kontinent bereits bewohnt war und damit von einer Entdeckung eigentlich nicht mehr gesprochen werden kann.

2.5.2 Klausur

1 Fassen Sie die Aussagen Bitterlis (M1) in Thesen zusammen. (20 %)

2 Erläutern Sie vor dem Hintergrund von Bitterlis Aussagen die Motive der Europäer bei der Kulturbegegnung mit den Ureinwohnern anderer Kontinente (z.B. in Lateinamerika, Australien, Afrika). (40 %)

3 Nehmen Sie ausgehend von M3 und M4 Stellung, ob und inwieweit Bitterlis Aussagen zu Kulturbeziehungen auf die heutige globalisierte Welt anwendbar sind. (40 %)

Der Historiker Urs Bitterli zu Kulturbeziehungen (1986)

„… Unter bestimmten Umständen jedoch konnte es geschehen, dass die Kulturberührung in eine Kulturbeziehung überging oder dass sich, weit seltener zwar, der Kulturzusammenstoß zur Kulturbeziehung wandelte. Unter der Kulturbeziehung … verstehen wir ein dauerndes Verhältnis wechselseitiger Kontakte auf der Basis eines machtpolitischen Gleichgewichts oder einer Patt-Situation. Bedingung einer Kulturbeziehung war das Spiel von Angebot und Nachfrage; ihre Träger waren auf europäischer Seite Händler und Missionare … Zweierlei darf freilich nicht vergessen werden, wenn von der Friedlichkeit solcher kommerzieller Kulturbeziehungen die Rede ist: zuerst, dass diese Friedlichkeit meist nur so lange anhielt, als die Waren geliefert werden konnten und gefragt blieben, und ferner, dass dieselbe Kulturbeziehung, die in einer bestimmten Region pazifizierend wirkte, bereits in deren unmittelbaren Nachbarschaft Kulturzusammenstöße schlimmster Art auslösen konnte …“

Urs Bitterli: Alte Welt – neue Welt. Formen des europäisch-überseeischen Kulturkontakts vom 15. bis zum 18. Jahrhundert. München 1992, S. 44–48; Originalveröffentlichung © C. H. Beck, München 1986

1

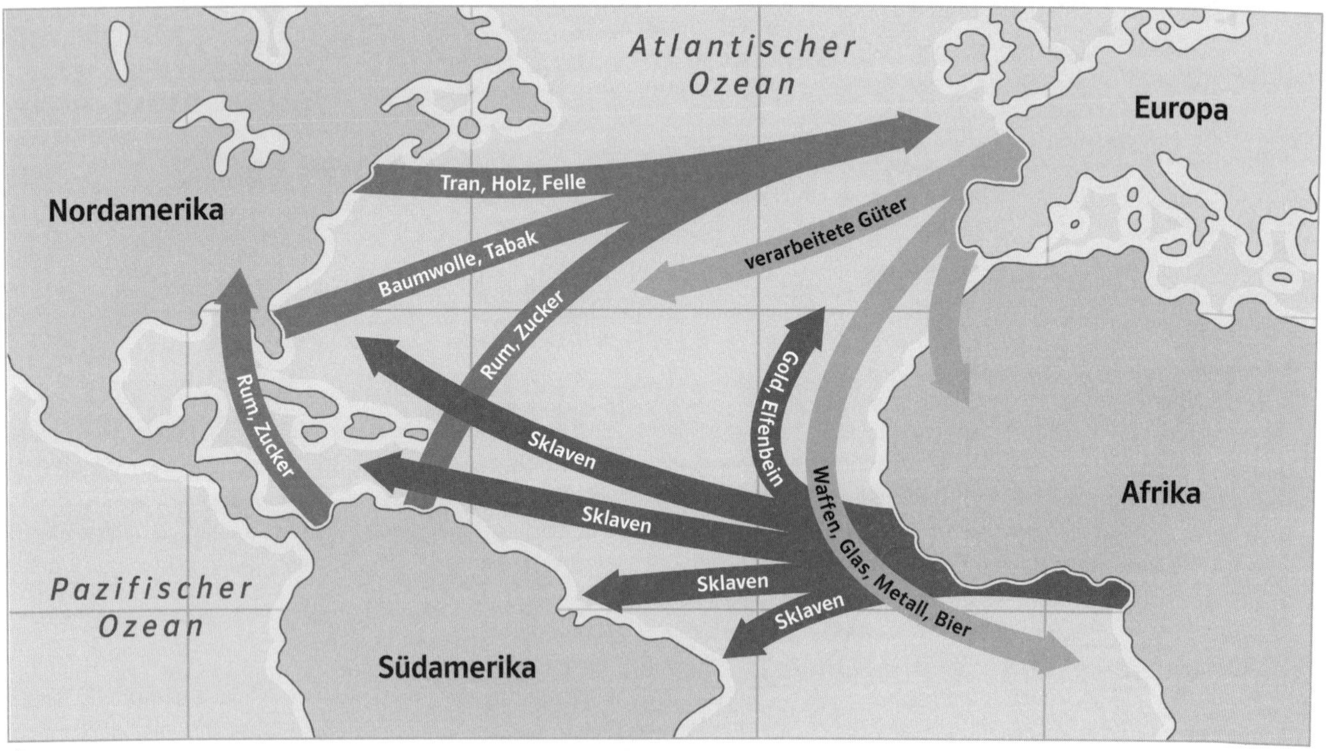

2 Warenaustausch zwischen Europa, Afrika und Amerika („Handelsdreieck“) im 18. Jahrhundert

Schrecksekunde 1492

3

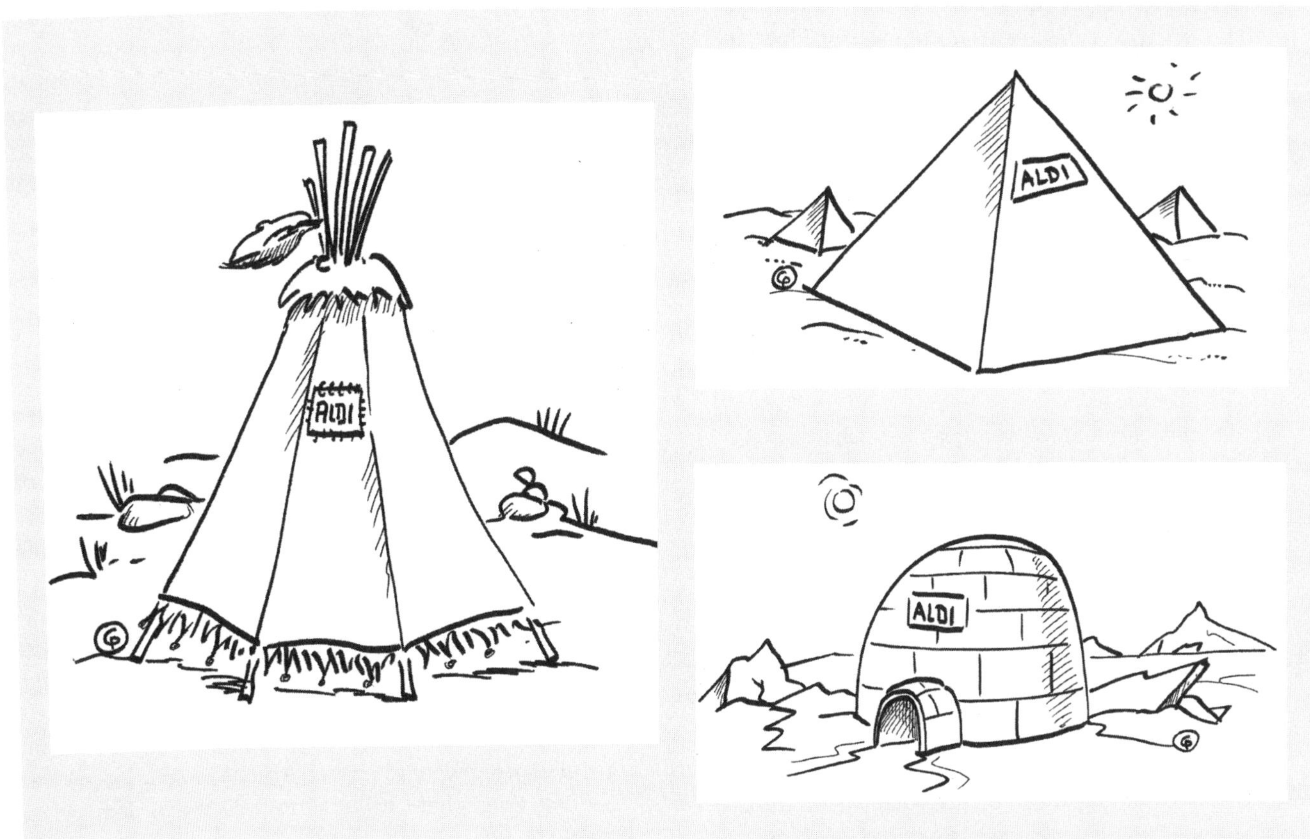

4

2.5.3 Erwartungshorizont

1 Fassen Sie die Aussagen Bitterlis (M1) in Thesen zusammen.

Die Kulturberührung konnte zu Kulturbeziehung oder Kulturzusammenstoß führen, aus Letzterem entwickelte sich selten eine Kulturbeziehung.
Eine Kulturbeziehung ist ein andauerndes Verhältnis wechselseitiger Kontakte zwischen gleichberechtigten Partnern (machtpolitisch ausgewogen, „Patt-Situation").
Die Bedingung einer Kulturbeziehung war der Austausch nach Angebot und Nachfrage (vorwiegend Waren).
Die Träger der Kulturbeziehung waren auf europäischer Seite Händler und Missionare.
Die Friedlichkeit dieser kommerziellen Kulturbeziehungen hängt von Voraussetzungen ab:

- Waren müssen nachgefragt und geliefert werden;
- es gibt keine Erfolgsgarantie / kein Allheilmittel (funktionierte in einer bestimmten Region, in der Nachbarschaft gab es stattdessen Kulturzusammenstöße).

2 Erläutern Sie die vor dem Hintergrund von Bitterlis Aussagen die Motive der Europäer bei der Kulturbegegnung mit den Ureinwohnern anderer Kontinente (z. B. in Lateinamerika, Australien, Afrika).

Folgende Punkte sollten in der Erläuterung berücksichtigt werden:

- Suche nach einem neuen Handelsweg, ohne Interesse an Einheimischen (Hintergrund: Handelsweg nach Südostasien durch die Araber kontrolliert);
- Warenaustausch: einseitiger Profit der Europäer, Ausbeutung der Indianer; Nachfrage nach Gold und Silber, aber auch nach neuen Kulturpflanzen; ggf. Hinweis auf Einfuhr der Pferde durch Europäer;
- Ausbeutung der Arbeitskraft der einheimischen Ureinwohner in den Bergwerken oder auf den Feldern / Plantagen;
- Interesse an gesellschaftlichem Aufstieg (z. B. Kolumbus; viele Konquistadoren waren verarmte Adlige, die ihre Chance in der Neuen Welt suchten);
- Missionare wollen Christentum verbreiten – Überstülpen einer fremden Religion / Kultur über ein Volk, dessen Bedürfnisse nicht berücksichtigt werden; Widerspruch zu Bitterli: keine Nachfrage!;
- politische Macht: Ausdehnung der Herrschaft durch Eroberung von Ländereien in der Neuen Welt
- wissenschaftliches Interesse: einseitig von Europa, Erforschung und Vermessung der Neuen Welt im Hinblick auf Ausbeutungsmöglichkeiten.

Bezug zu Bitterlis Aussagen:
Keine gleichberechtigten Partner, herablassende Einstellung gegenüber Indianern (Sozialdarwinismus, Rassismus) – auch bei der Missionierung; einseitige Interessen der Europäer, Gewinner nur die Europäer, insofern auch kein Austausch sondern Ausbeutung. Dies wird auch daran deutlich, dass die Europäer die Kultur der Einheimischen fast vollständig vernichteten bzw. mit ihrer (europäischen) Kultur überprägten: Religion, Anbautechniken, Sprache etc.

3 Nehmen Sie ausgehend von M3 und M4 Stellung, ob und inwieweit Bitterlis Aussagen zu Kulturbeziehungen auf die heutige globalisierte Welt anwendbar sind.

Die Karikatur M3 thematisiert die „Entdeckung" Amerikas durch Europäer und die damit mutmaßlich beginnende Globalisierung.
Der einheimische Indianer als Repräsentant der NGO Attac weist den landenden Kolumbus darauf hin, dass er gerade Globalisierung betreibt, was dieser bestürzt zur Kenntnis nimmt.
Die Attac als globalisierungskritisches Netzwerk hatte zunächst das Ziel, eine internationale Solidaritätssteuer (Tobin-Steuer) zur demokratischen Kontrolle der Finanzmarkte einzuführen. Inzwischen widmet sie sich zahlreichen weiteren Themen, die im weiteren Sinne mit der Globalisierung zusammenhängen, z. B. fairer Handel statt Freihandel, Mindestlohn, freier Informationsfluss, Konsum- und Konzernkritik, Eigentumsverteilung, „neoliberale" Entwicklungen.
Unter Berücksichtigung von Bitterlis Aussage wird deutlich, dass gerade zwischen Europa und Lateinamerika die Ausgangsbedingungen nicht wie beschrieben zutreffen. Zwar war es tatsächlich ein „Spiel" von Angebot und Nachfrage, doch die Basis war keinesfalls ein machtpolitisches Gleichgewicht oder eine Patt-Situation. Die Spanier (Europäer) kamen als Eroberer und unterwarfen die indianischen Ureinwohner. Dem missionarischen Sendungsbewusstsein folgend und an eine sozialdarwinistische Überlegenheit der Weißen glaubend, wurden die Indianer „kultiviert" und „zivilisiert". Neben dieser kulturellen Oktroyierung erfolgte die ökonomische Ausbeutung.
Die Europäer beanspruchten nicht nur alle für sie interessanten und wertvollen Waren zu ihren Gunsten, sie regelten auch die Arbeitsleistung, die die Indianer für die Spanier in Bergwerken oder auf Plantagen zu erbringen hatten. Damit begannen die systematische Inbesitznahme Lateinamerikas und die einseitige Ausrichtung der Produktion und des „Handels" nach europäischen Bedürfnissen.
Die ungleichen Besitzstrukturen in der Landwirtschaft sowie die Plantagenwirtschaft von Cash Crops sind Erbe und Hypothek der Kolonialzeit.
Doch auch heute kann nicht von gleichberechtigten Partnern ausgegangen werden. Die westlichen Industrieländer können die Warenpreise angesichts der Überproduktionen des globalen Agrarmarktes drücken und damit an die Ausbeutung der Bauern Lateinamerikas von vor 500 Jahren nahtlos anknüpfen.

Daran schließt sich die Karikaturtrilogie zur Firma Aldi an: Die drei Karikaturen deuten klischeehaft wirtschaftliche Randlagen (Arktis – Iglu, Wüste – Pyramide, Steppe – Tipi) an, in denen Aldi als Global Player bereits eine Filiale eröffnet hat. Die Schlichtheit im Fehlen von Kunden und weiteren Kaufangeboten macht deutlich, dass die Globalisierung jeden Winkel der Erde erfasst hat – bis zur letzten Hütte (z. B. dem Iglu des Inuit).

Aldi steht stellvertretend für die multinationalen Unternehmen, die im Rahmen der Globalisierung ein unübersichtliches Netzwerk weltweit operierender Konzerne mit Stützpunkten und Ablegern, Beteiligungen und Partnerschaften herausgebildet haben. Diese Zusammenschlüsse einer verhältnismäßig geringen Anzahl an Unternehmen dominieren den Weltmarkt und verdrängen die Konkurrenz.
Der scheinbare Vorteil, dass der Discounter nun preisgünstige Waren überall auf der Welt anbietet, verdeckt die Verdrängung einheimischer Anbieter, die dem Preiskampf nicht gewachsen sind. So findet durch die Verdrängung kleinerer Märkte (wie es bei uns die familiär geführten Tante-Emma-Läden waren, die oft regionale Produkte im Angebot hatten) zum einen eine Angebotsreduzierung statt, die häufig auch mit dem Verlust von Arbeitsplätzen verbunden ist. Gleichzeitig unterwandert das westliche Warenangebot, das international den Standard setzt, die bisherige Angebotspalette, sodass die lokalen Produkte nicht mehr auf dem Markt nachgefragt sind.
An die Stelle der Konquistadoren rücken heute also die Global Player, die still und leise die Kultur aushöhlen. Heute wird nicht mehr missioniert, sondern durch schleichende Verdrängung internationalisiert. Nur selten rührt sich der Widerstand gegen die „imperialistischen Bestrebungen" der Global Player und ihre Kommerzialisierung. Gleichwohl wird – genau wie vor 500 Jahren – die Kultur durch den Westen überprägt.
Insofern sind Bitterlis Aussagen durchaus auf die globalisierte Welt anwendbar: Zwar irrt er gewaltig, wenn er bei der Kulturberührung von machtpolitischem Gleichgewicht ausgeht. Dafür kann man bestätigen, dass die Friedlichkeit inzwischen weitgehend unabhängig vom Warenaustausch Bestand behält und sich auch in der Nachbarschaft vergleichbare Kulturbeziehungen entwickelt haben.

2.6 Stadtentwicklung in Portland – Vorbild für die USA?

2.6.1 Schwerpunktmethode: Mit Modellen arbeiten

Modelle sind abstrakte Abbildungen der Realität. Ihre Funktion liegt im Erfassen des Regelhaften realer Objekte und Prozesse. Indem sie komplexe Sachverhalte der Wirklichkeit vereinfacht darstellen, lassen sich Einzelaspekte und Zusammenhänge besser erfassen. Darüber hinaus erleichtern sie die Prognose künftiger Entwicklungen in dem modellhaft dargestellten Teilraum der Realität und geben zugleich Aufschluss über Möglichkeiten zur Steuerung dieser Entwicklung.
Modelle werden in der Schule vornehmlich dazu eingesetzt, etwas sonst nicht oder nur schwer Erkennbares anschaulich darzustellen.
Allerdings sind den Modellen auch Grenzen gesetzt. So ist z. B. die vereinfachte Darstellung von Stadtmodellen sehr schwierig: Städte sind dynamisch, entwickeln sich nach verschiedenen Kriterien mit unterschiedlichen Wechselwirkungen und hängen von zahlreichen standortspezifischen Besonderheiten ab. Insofern kann ein Modell nur allgemeingültige Formen, Entwicklungen, Trends und Prognosen darstellen; alle nicht zuletzt größenabhängigen Spezifika werden weggelassen.
Da die Konstruktion von Modellen relativ viel Zeit beansprucht, wird man in der Regel auf vorhandene Modelle zurückgreifen, welche den zu untersuchenden Sachverhalt darstellen.
Nach folgendem mehrschrittigen Verfahren lässt sich die Erschließung eines Modells durchführen.

1. Schritt: Beschreibung
Das komplexe Modell wird hinsichtlich des Sachverhalts, einer Struktur sowie Wechselwirkungen hin untersucht und in dieser Schrittfolge beschrieben.

2. Schritt: Vergleich mit der Realität
Bei der Anwendung des Modells auf ein konkretes Beispiel werden die allgemeingültigen Strukturen genannt und mögliche Abweichungen ausgewiesen.

3. Schritt: Erläuterung der Abweichungen
Da das Modell nur allgemeingültige Strukturen darstellen kann, wird jedes reale Beispiel charakteristische Abweichungen aufweisen, die erläutert werden können. Beim Stadtmodell können diese sehr vielfältig sein: Größe (Millionenstadt – Großstadt), Lage (z. B. Hafenstadt), vorherrschende Wirtschaftsstruktur (z. B. Industriestadt), Funktion (z. B. Verwaltungszentrum), usw.

4. Schritt: Bewertung des Modells
Abschließend kann das Modell im Hinblick auf seinen Aussagewert bewertet werden. Dazu sollte beurteilt werden, inwieweit es auf die Realität übertragbar ist oder wie relevant der Prognosewert des Modells einzuschätzen ist. Am Ende stehen dann die Bewertung und ggf. ein Verbesserungs- oder Erweiterungsvorschlag.

2.6.2 Klausur

1 Beschreiben Sie das Stadtmodell der US-amerikanischen Stadt (M1). (40%)

2 Erläutern Sie, inwiefern der Stadtgrundriss von Portland diesem Modell entspricht (M1, M2, M3). (30%)

3 Beurteilen Sie, ob und inwieweit die Ideen Portlands für die US-amerikanische Stadtentwicklung Vorbild sein können (M1, M4). (30%)

Modell der US-amerikanischen Stadt

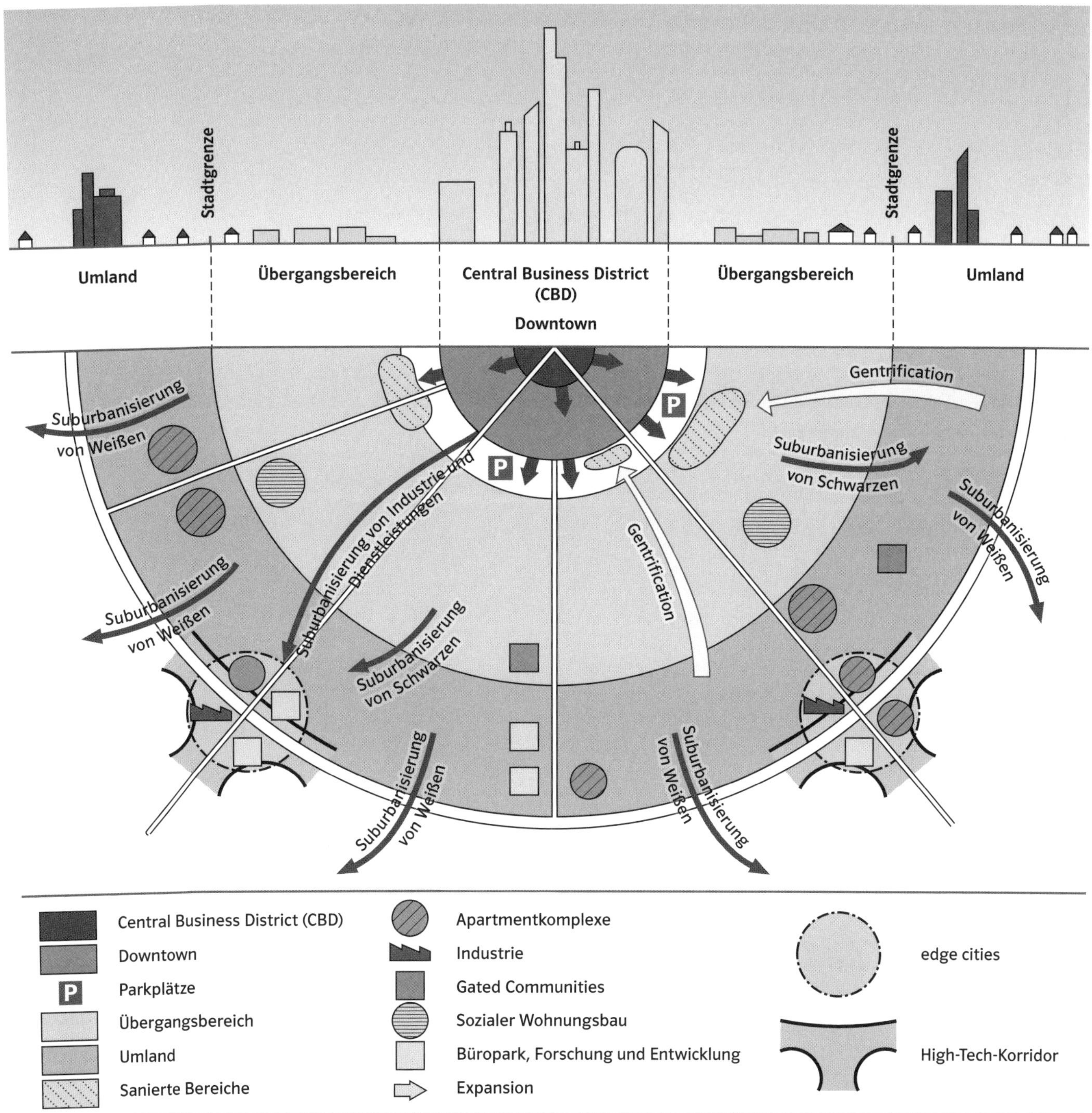

Nach Roland Hahn: USA. Gotha und Stuttgart: Klett Perthes 2002

1

2 Satellitenbild von Portland/Oregon

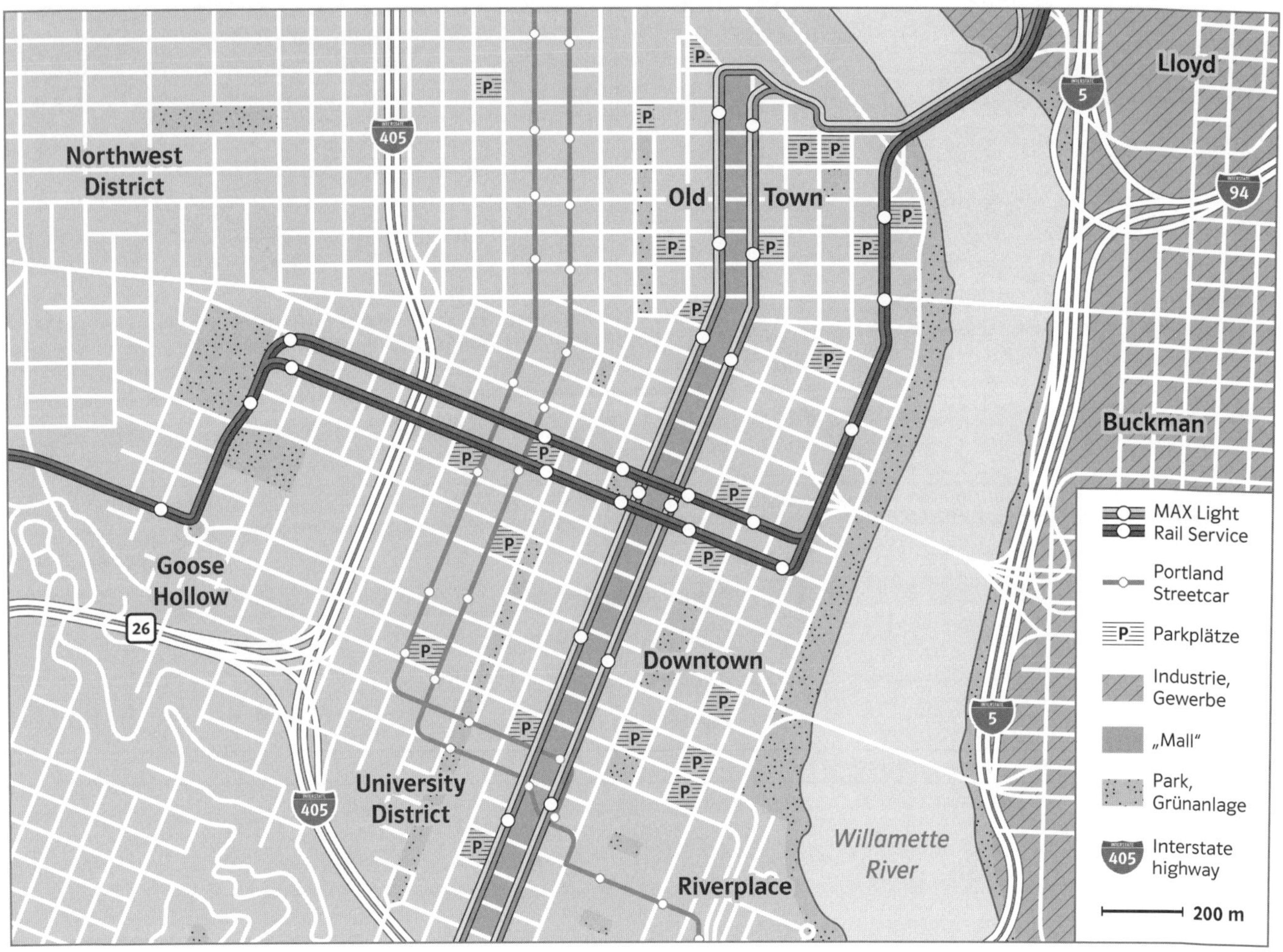

3 Stadtplan von Portland Downtown

Portland – grüne Stadt als Vorbild?

Es gibt einen Satz, den man in Portland von jedem hört. Vom Bürgermeister, von Stadtplanern, von Konzernchefs – und von den Bewohnern Portlands sowieso: „Diese Stadt ist anders"! Doch während das anderswo nach Werbekampagne und Marketingstrategie klingt, ist der Satz in Portland Programm. Dies ist die grünste Stadt der USA, ein Modell für den Rest Amerikas. Hier entsteht die Stadt der Zukunft. Während der Rest des Landes in Agonie verfällt, zeigt Portland, wie man auch in den USA mit einem grünen Gewissen besser wohnen, leben, reisen und arbeiten kann. Und wie sich damit sogar Geld verdienen lässt.

Zu einer besonderen Stadt gehören besondere Leute. Menschen, die bereit sind, Regeln zu brechen und Konventionen abzuräumen. Menschen, die Dinge einfach anders machen als bisher. So ein Mensch ist Dennis Wilde. Er steht vor einem glasverspiegelten Wolkenkratzer mitten im Pearl District, einem bunten Szeneviertel, ganz in der Nähe der Innenstadt. Wilde hat den Turm gebaut. „Das ist das erste amerikanische Wohnhaus mit goldener LEED-Auszeichnung", sagt er und ist offensichtlich stolz. „Das ist etwas Besonderes: Gebäude mit dieser Medaille müssen außergewöhnlich umweltfreundlich sein, Energie und Wasser sparen und Müll vermeiden".

15 Stockwerke, 123 Ökowohnungen und alle im Rekordtempo verkauft: Das Haus ist ein Riesenerfolg und längst nicht Wildes einziger. Wilde und seine Kollegen bauten im Pearl District eine alte Brauerei nach Ökoregeln um. An der South Waterfront entwickelten sie weitere prämierte Wolkenkratzer, dort entsteht ein ganzes Ökoviertel. Portland konnte so früher als viele andere amerikanische Städte sein Zentrum wiederbeleben. Dort gehen die Leute schon lange wieder „in die Stadt", wenn sie ausgehen.

Der Mann möbelt mit Vorliebe städtische Gegenden auf, füllt Baulücken und renoviert alte Gebäude. Er tut das alles nach den neuesten Ökostandards, und dabei treibt ihn nicht nur das grüne Gewissen. Nachhaltiges Bauen lohnt sich hier. Portland lockt seine Immobilienentwickler mit Steuervergünstigungen – wenn sie beim Bauen strenge Umweltstandards einhalten. Besonders zuvorkommend sind die Stadtoberen, wenn Neues dann auch noch mitten in der Stadt entsteht.

Grüne Stadtentwicklung bedeutet auch, lebendige Viertel zu erhalten. „Deswegen müssen wir auch die weiche Infrastruktur weiterentwickeln", sagt Wilde. „Die Bürger hier reden gern von Anfang an mit. Dann tragen sie die Entscheidungen aber auch".

Weil die Leute nicht meilenweit nach draußen ziehen konnten, blieben die Viertel in der Nähe der Innenstadt erhalten. Damit lohnte sich ihre Anbindung an den öffentlichen Nahverkehr und der Bau von Fahrradwegen. Das reduzierte den Verkehr und sorgte für ein fast europäisches Stadtleben: mit Restaurants, die zu Fuß erreicht werden können, mit Wochenmärkten und Leuten, die zur Arbeit laufen und beim Kauf ihres Hauses eher auf den Straßenbahnanschluss achten statt auf die Doppelgarage. Portland ist eine der wenigen amerikanischen Städte, in denen man kein Auto braucht. Und das rechnet sich: Portlands Bürger fahren schon heute etwa zwanzig Prozent weniger mit dem eigenen Wagen als Durchschnittsamerikaner. Das spare im Jahr allein an Sprit und Versicherungskosten etwa 850 Millionen Euro – und die bleiben so in der Stadt und können anders ausgegeben werden.

Den nächsten großen Schritt will Portland nun mit der Gebäudedämmung gehen. Das Geld dafür gibt es aus dem Konjunkturprogramm der Regierung. In der Krise hat Washington Extrageld an die Kommunen weitergegeben. Portland gründete damit einen Fonds, der den Bürgern günstige Kredite für die Isolierung der Häuser gewährt und damit die Kosten fürs Heizen oder Kühlen reduziert. Und hier sind die Portlander ganz Amerikaner: Grün sein muss sich lohnen.

Petra Pinzler: Wie Portland im US-Bundesstaat Oregon in eine grüne Stadt verwandelt wird. Unter www.zeit.de/2011/35/USA-Portland, 30.08.2011 (gekürzt und bearbeitet)

4

2.6.3 Erwartungshorizont

1 Beschreiben Sie das Stadtmodell der US-amerikanischen Stadt.

Das Modell der US-amerikanischen Stadt zeigt im Zentrum den CBD (Central Business District), in dem sich die Einrichtungen des tertiären Sektors konzentrieren. Hier sowie in dem angrenzenden innerstädtischen Zentrum (Downtown) befinden sich zahlreiche Bürogebäude der Verwaltung, des Finanzsektors sowie des Managements und eine umfangreiche Gastronomie für die Mittagspausen. Daneben gibt es Wohnhochhäuser und Hotels. Äußerlich prägt die höchste Bebauung der Stadt als Skyline mit Wolkenkratzern den CBD. Am äußeren Rand von Downtown befinden sich zahlreiche Parkangebote für die Pendler, die häufig auf Abrissflächen entstanden.

Der breite Übergangsbereich zwischen Innenstadt und Umland stammt aus der ersten Phase der Stadterweiterung. Die Bausubstanz ist häufig schlecht, die Gebäude haben Renovierungsstau und die Grundstücke sind dicht bebaut. In diesem Bereich haben sich die sozial Schwachen angesiedelt, häufig Minderheiten. So entstanden innenstadtnahe Ghettos und Slumgebiete in direkter Nachbarschaft zu Geschäftsbereichen, Gewerbezonen und anderen Wohngebieten. Sozialer Wohnungsbau und groß angelegte Sanierungsmaßnahmen werten diese z. T. stark heruntergekommenen Stadtteile heute wieder auf, sodass sich das Gefälle zwischen gentrifizierten Cityrandwohnungen von Weißen und den Slums noch verstärkt. Der zunehmende Gentrifizierungsprozess sorgt allerdings für eine Verdrängung der Schwarzen bei gleichzeitiger Suburbanisierung in den angrenzenden Umlandbereichen. Die dort bisher wohnenden Weißen ziehen ins fernere Umland bzw. nutzen die sanierten Flächen im Übergangsbereich zur Rückkehr in die innenstadtnahen Wohngebiete.

Im Übergangsbereich sowie im Umland befinden sich ausgedehnte Wohngebiete. Mit zunehmender Distanz zum CBD verringert sich die Stockwerkzahl der Häuser und vergrößert sich die Grundstücksfläche. Während innenstadtnah Wohngebiete mit eng bebauten Mehrfamilienhäusern vorherrschen, sind es im Umland großzügig angelegte Wohnparks, Apartmentkomplexe und sogenannte Gated Communities. Dazwischen hat sich entlang der großen Ausfallstraßen eine Vielzahl von Einzelgeschäften, Versorgungs- und Dienstleistungsunternehmen niedergelassen. Dies sind v. a. Unternehmen, die höheren Flächenbedarf haben (z. B. Gartencenter), von denen Pendler profitieren (Tankstellen, Werkstätten) oder die die Versorgung der Außenbereiche übernehmen (Schnellrestaurants, Supermärkte). Allerdings sind auch kleinere Dienstleistungsunternehmen (Rechtsanwälte, Ärzte) anzutreffen, die von der schnellen Erreichbarkeit und den günstigen Parkmöglichkeiten profitieren.

In deutlicher Entfernung zu den Wohngebieten der besser verdienenden oberen Mittelschicht und Oberschicht entstanden v. a. an den großen Ausfallstraßen Industrieanlagen und Bürokomplexe als Industrieparks oder Businessparks. Flächenintensive Unternehmen haben den innerstädtischen Bereich verlassen und hier die günstigeren Bodenpreise und besseren Expansionsmöglichkeiten genutzt. Heute bezeichnet man diese Suburbs als Edge Cities, weil hier alle Funktionen einer Stadt erfüllt werden. Gleichzeitig sind sie häufig Ausgangspunkte und Impulsgeber der Hightech-Unternehmen.

2 Erläutern Sie, inwiefern der Stadtgrundriss von Portland diesem Modell entspricht.

Portland entspricht in großen Teilen dem Modell der US-amerikanischen Stadt, wenngleich die radiale Gliederung aufgrund der geringeren Größe Portlands nicht so ausgeprägt ist. Ferner wird durch den Williamette River die Stadtanlage etwas durchbrochen.

Im Zentrum – der Altstadt – befindet sich der CBD. Neben einer Reihe von Hochhäusern – vermutlich Geschäfts- und Bürogebäude – gibt es eine Vielzahl an Einkaufs- und Versorgungsangeboten. Außerdem zeigt das Straßennetz das typische Schachbrettmuster, von dem nur durch das Relief (Süden) oder natürliche Grenzen abgewichen wird. Im Innenstadtbereich befinden sich relativ viele Parkplätze und ein – für amerikanische Verhältnisee – gut ausgebautes ÖPNV-System.

Große Einfallstraßen (405, 5, 26) führen an den Rand des Stadtzentrums, umgehen dieses dann aber im weiten Bogen. An den Innenstadtbereich schließen sich nach Westen kleinere Wohngebiete sowie etliche größere Parks an. In diesem Bereich liegen auch eine Universität sowie eine Forschungseinrichtung. Auf der anderen Flussseite dehnen sich große Wohnbereiche im Übergangsbereich zum Umland aus. Eine genauere Aussage zur weiteren Nutzung, zur Bausubstanz oder zu den Bewohnern lässt das vorliegende Material nicht zu.

Auch die Ausdehnung entlang der Ausfallstraßen lässt sich erahnen: Während im Westen die Übergangszone relativ schmal ausfällt, dehnt sie sich im Osten geschlossen mehrere Kilometer weit aus. Dabei zweigen von den Hauptstraßen weitere wichtige Verkehrswege ab, die ganze Stadtviertel erschließen. Untypisch für US-amerikanische Städte ist die innerstädtische Lage einiger Industrieanlagen, die aber mit dem Standortvorteil der Flussnähe erklärt werden können. Hier konzentrieren sich auch einige Gleisanlagen vermutlich im Hafen, die ein weiteres Indiz für gewerblich-industrielle Nutzung dieses Stadtteils sind.

Über die Ausbildung von Gated Communities und Edge Cities in Portland kann nur spekuliert werden. Zumindest im Osten gibt es hierfür keine Anzeichen.

3 Beurteilen Sie, ob und inwieweit die Ideen Portlands für die US-amerikanische Stadtentwicklung Vorbild sein können.

Die Ideen in der Stadtentwicklung Portlands könnten tatsächlich für Nordamerika vorbildlich sein. Einer der Grundgedanken ist der Ausbau des ÖPNV, dessen Qualität zu einer größeren Nutzung führt und entsprechend zu weniger MIV. Wesentlich - neben der Vermeidung weiterer Abgase - sind die Kosteneinsparungen, die jeder Nutzer erfährt: Im Text wird der damit verbundene günstige Nebeneffekt betont, nach dem die Kosten rund 20 % niedriger als im US-amerikanischen Durchschnitt liegen sollen. Das ist sicher auch aufgrund der geringeren Größe Portlands leichter zu realisieren, könnte aber auf zahlreiche Städte in den USA übertragen werden. Eine umweltfreundliche Bauweise findet auch in den USA zunehmend Interessenten. Die Nachfrage ist groß, zumal der Bau resp. der Kauf staatlich gefördert werden und sich die Einsparungen bei Wasser und Energie kostengünstig auswirken. Auch die geplanten Maßnahmen in der Gebäudedämmung werden sich bei langfristig steigenden Energiekosten schon bald amortisieren. Da sich die Ideen eines ökologischen Bauens und Wohnens auch ökonomisch lohnen, ist Portland Vorreiter einer in den USA notwendigen Entwicklung, dem Trend zum energiesparenden und umweltfreundlichen Wohnen sowie der Verringerung und Vermeidung des MIV. Schließlich ist es möglich, dass Portland vom Image der grünen Stadt auch im Tourismus profitieren kann. Die Steigerung der Attraktivität der Innenstadt durch weniger Abgase und weniger Autolärm könnte sich positiv auf die Entwicklung der Besucherzahlen auswirken, was wiederum positiv für Portland wäre.

2.7 Südkorea – nachhaltige Entwicklung durch Tourismus?

2.7.1 Schwerpunktmethode: Karten auswerten

Bei der Auswertung einer physischen oder thematischen Karte erwartet in einer Klausur niemand – wenn dies nicht ausdrücklich gefordert ist – eine Komplexanalyse. Es ist vielmehr Ihre Aufgabe, sinnvoll zu selektieren. Den Leitfaden geben dabei das Thema der Klausur und die Aufgabe vor.
Erstellen Sie zu Beginn stichwortartige Notizen. Klären Sie unbekannte Begriffe und Signaturen. Markieren Sie bei farbigen Karten, die in Kopie vorliegen, oder bei Schwarz-Weiß-Karten wichtige Strukturierungsmerkmale wie Straßen, Grenzen usw. Dies hilft, den Blick auf das Wesentliche zu lenken.

1. Schritt: Aufgabenstellung beachten
Machen Sie sich bewusst, welche Aufgabenstellung mithilfe der Informationen aus der Karte bearbeitet werden soll, z. B.: Stellen Sie die kulturräumlichen Voraussetzungen des Tourismus dar. Hier fordert der Operator, dass Sie mithilfe der Karten Sachverhalte, Strukturen und Zusammenhänge (kulturräumliche Voraussetzungen des Tourismus) beschreiben und verdeutlichen, eine Erklärung ist jedoch nicht gefordert.

2. Schritt: Orientieren
Wie heißt das Thema der Karte (Titel, Legende)? Welcher Maßstab liegt der Karte zugrunde? Was wird in der Karte dargestellt (Raum, Raumausschnitt)? Ist die Legende verständlich? Wie aktuell ist die Karte?

3. Schritt: Karteninhalt beschreiben
Was findet sich wo (räumliche Verteilung der dargestellten Objekte)? Gibt es deutlich zu unterscheidende Teilräume? Welche auffälligen Raumstrukturen sind zu erkennen? Sind Entwicklungsprozesse auszumachen? Gibt es Regelhaftigkeiten bzw. auffällige Ausnahmen von solchen Regelhaftigkeiten? Ist eine Häufigkeit von Merkmalen / Objekten zu erkennen?

4. Schritt: Karteninhalt erklären / deuten
Wie bzw. warum ist die beschriebene Raumstruktur entstanden? Wie lässt sich die Verteilung der festgestellten Objekte / Erscheinungen erklären (Ursachen)? Liefert die Karte selbst Erklärungsansätze (Kartentitel oder Legende, Namen oder Beschriftungen)? Welche kausalen und funktionalen Zusammenhänge sind erkennbar? Welches Material wird zusätzlich gebraucht? Wie wird sich die beschriebene Struktur voraussichtlich weiterentwickeln?

5. Schritt: Karteninhalt bewerten
Wie steht es um den Informationsgehalt und Aussagewert der Karte (Was fehlt? Was ist ungenau? Was überzeugt? Was ist veraltet?)? Ist die Quelle vertrauenswürdig?

Beispielkarte M2, Wirtschaftsstandorte in Südkorea
1. Schritt: Die Aufgabe „Stellen Sie die kulturräumlichen Voraussetzungen des Tourismus dar“ verlangt, dass Sie mithilfe der Karte Sachverhalte, Strukturen und Zusammenhänge beschreiben und verdeutlichen, eine Erklärung ist nicht gefordert.
2. Schritt: Die Karte gibt einen Überblick über die räumliche Verteilung und Struktur der Wirtschaft Südkoreas. Hinsichtlich der Aktualität der Karte kann keine Aussage getroffen werden.
3. Schritt: Die bedeutendsten Industriezentren Südkoreas sind die Hauptstadt Seoul (Kraftfahrzeugbau, Elektronik), Incheon (Eisen- / Stahlerzeugung, Schiffbau), Suwon (Textilindustrie, Elektrotechnik), Busan (Schiffbau, Kraftfahrzeugbau, Elektronik), Ulsan (Schiff- und Kraftfahrzeugbau, Chemie / Kunststoffe) sowie Daegu (Textilindustrie, Maschinenbau). In Ulsan, Yeosu, und Incheon befinden sich die Erdölraffinerien Südkoreas. Die Energieversorgung erfolgt über die Kernkraftwerke bei Yonggwang, Ulchin, und Ulsan, Wärmekraftwerke bei Boryeong, Seosan und Seoul sowie ein Wasserkraftwerk im Nordosten bei Yangyang. Die wenigen südkoreanischen Bergbaureviere befinden sich im Nordosten bei Gangneung (Steinkohle) sowie im Süden bei Hwasun (Steinkohle).
Dienstleistungszentren sind Busan (Verkehr/Logistik, Bildung / Medien, Tourismus), Gwongyang (Verkehr / Logistik), Yeosu (Tourismus), Pohang (Bildung / Medien), Seoul (Bildung / Medien, Verkehr / Logistik, Finanzen / Handel). Neben Busan und Yeosu gehören Gangneung, Chuncheon, Pyoengchang und die Insel Cheju zu den Touristenzentren.
Hauptanbaufrüchte sind Reis (West- und Südwestküste, Norden), Tabak (Binnenland), Sojabohnen (nördlicher zentraler Teil des Landes) und Obst und Gemüse (im Bereich 36 °N).
Verkehrsmäßig ist die Halbinsel gut erschlossen (Hochgeschwindigkeitsbahn von Seoul nach Busan; zahlreiche Autobahnen und Fernstraßen sowie der internationale Flughafen „Incheon International Airport“). Die wichtigsten Seehäfen sind Incheon und Gunsan an der Westküste, Mokpo und Masan an der Südküste sowie Busan, Ulsan und Pohang an der Ostküste.
4. Schritt: Die Karte spiegelt die Bedeutung der Wirtschaft Südkoreas wider. Diese steht vor allem für Elektronik wie Computer, Telekommunikationsausrüstungen, Unterhaltungselektronik und Halbleiter, aber auch für den Fahrzeug- und Maschinenbau, Schiffe, Produkte der chemischen Industrie, Stahl und Produkte der Leichtindustrie wie Textilien, Schuhe oder Lebensmittel.
Die Landwirtschaft hat eine geringe Bedeutung. Im Jahr 2012 betrug der Anteil der Landwirtschaft am BIP nur 2,6% (M4). Trotzdem beschäftigt sie noch rund 7% der Arbeitskräfte (M4). Das wichtigste landwirtschaftliche Produkt ist der Reis, der der Selbstversorgung dient.
Der Dienstleistungssektor erwirtschaftet rund 59% des südkoreanischen BIP und beschäftigt etwa 70% aller Arbeitskräfte.
5. Schritt: Die Kartenlegende ermöglicht klare Aussagen. Inwiefern die Wirtschaftsstruktur und die räumliche Verteilung einzelner Branchen vollständig zugeordnet ist bzw. ob sie den aktuellsten Stand widerspiegelt, kann nicht gesagt werden.

2.7.2 Klausur

1 Stellen Sie die natur- und kulturräumlichen Voraussetzungen des Tourismus in der Republik Korea dar (M1, Atlas, M7). (30 %)

2 Erläutern Sie Bedeutung und Entwicklung des Tourismus für die Republik Korea (M2, M3 – M6). (40 %)

3 „Tourism will be growth engine for an improved national economy and quality of life".
Beurteilen Sie diese im Programm „Vision and Goals" formulierte Auffassung des koreanischen Tourismusverbandes (Atlas, M1 – M7). (30 %)

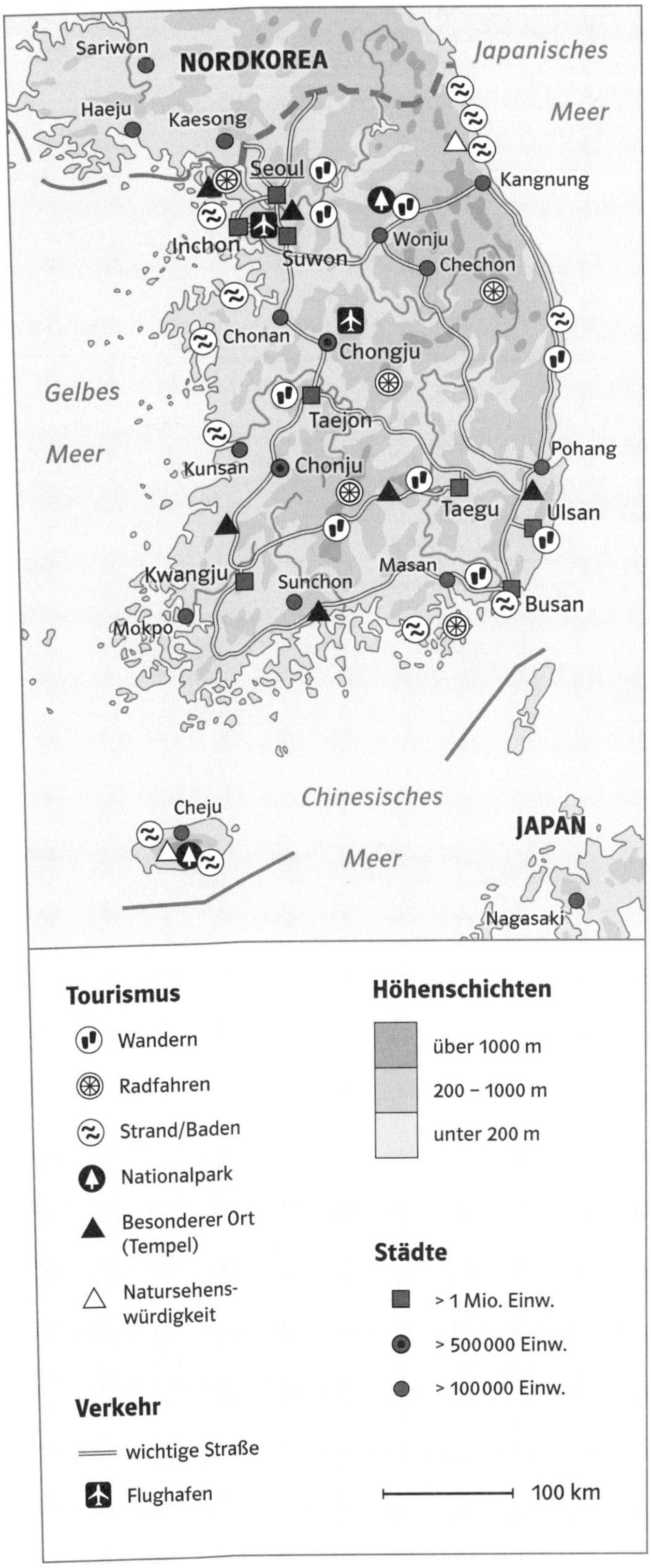

1 Naturraum und Tourismus in Südkorea

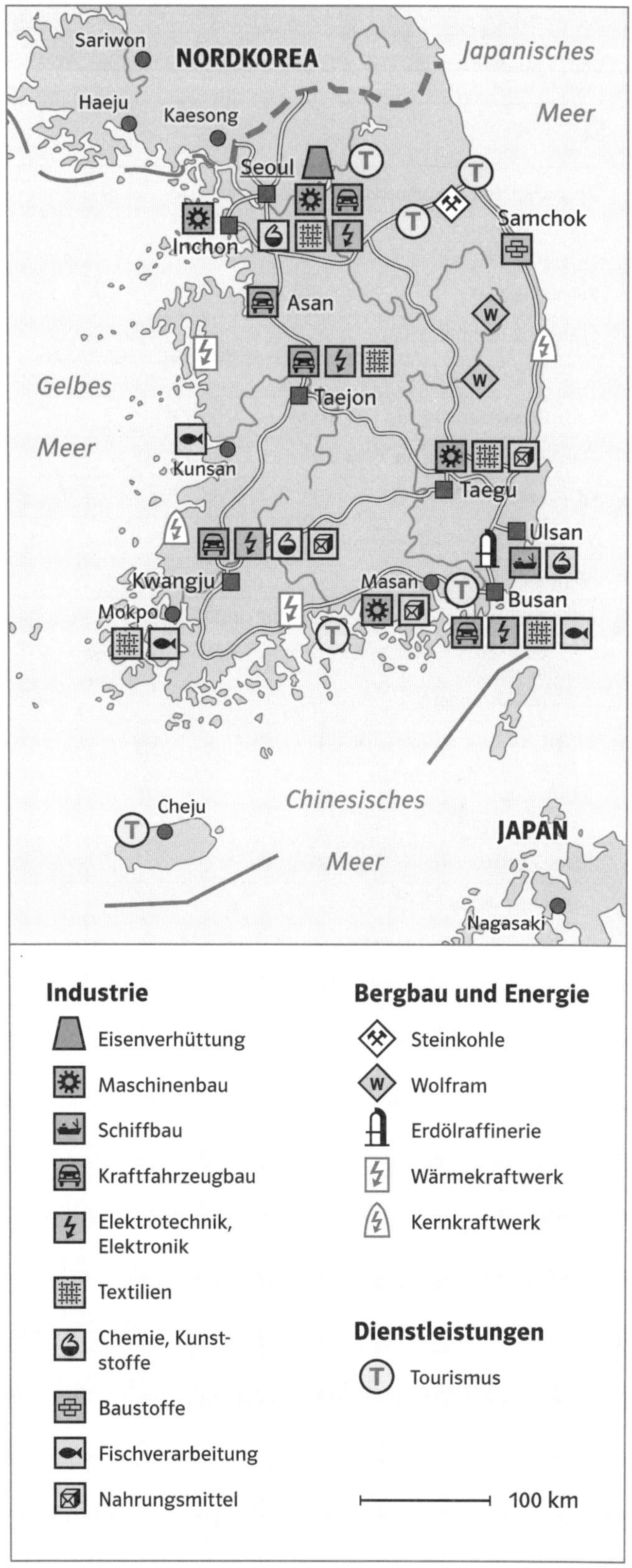

2 Wirtschaftsstandorte in Südkorea

Entwicklung des südkoreanischen Tourismus seit 1990

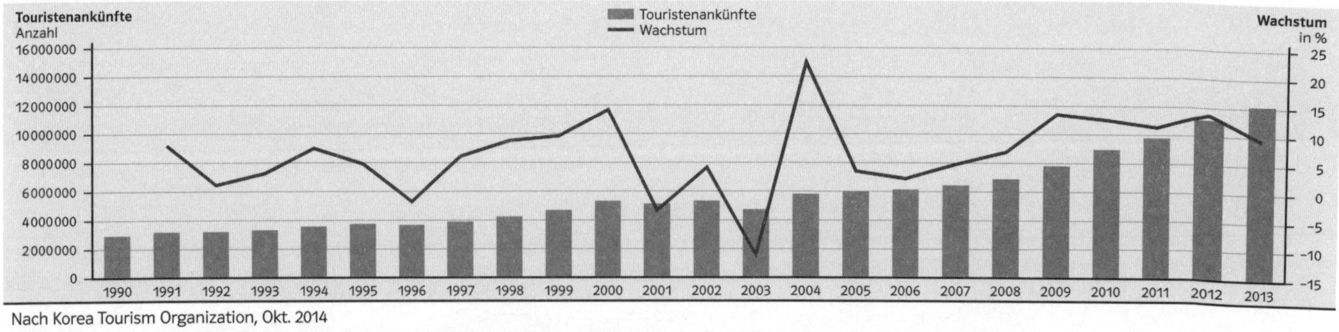

Nach Korea Tourism Organization, Okt. 2014

3

Ausgewählte Strukturdaten Südkoreas

	2000	2005	2012
Fläche (in km²)	k.A.	k.A.	99313
Einwohnerzahl (in Mio.)	47008	48138	50004
Städtische Bevölkerung (in %)	79,6	81,3	83,5
Leistungsbilanzsaldo (in Mio. US-$)	14803	18606	43335
Staatsverschuldung (in % des BIP)	18,0	28,7	35,0
HDI-Wert	0,839	0,875	0,909
Veränderung des BIP (in % zum Vorjahr)	8,8	4,0	2,0
BIP/Kopf (in US-$)	11347	17551	22590
Anteil der Wirtschaftssektoren am BIP (in %)			
Landwirtschaft	4,6	3,3	2,6
Industrie	38,1	37,7	39,1
Dienstleistungen	57,3	59,0	58,2
Anteil der Beschäftigten (in %) in …			
Landwirtschaft	10,6	7,9	6,9
Industrie	28,1	26,8	23,6
Dienstleistungen	61,2	65,2	69,4
Arbeitslosenrate (in %)	4,4	3,7	3,2
Inflationsrate (in %)	2,3	2,8	2,2
Ausländische Direktinvestitionen (in % des BIP)	1,74	0,75	0,44
Anteil der Tourismuseinnahmen am BIP (in %)	6,6	6,2	5,9
Einnahmen aus dem Tourismus (in Mio. US-$)	6811300	5793000	13448110
Beschäftigte im Tourismus (Anteil an Gesamtbeschäftigten, in %)	k.A.	1456300 (6,3)	1583800 (6,4)
Internationaler Tourismus, Ankünfte (Rang)			
China	5	4	3
Malaysia	14	14	10
Thailand	17	18	15
Singapur	24	30	24
Rep. Korea	28	35	23
Anteil (in %) an den ausländischen Touristen 2012 [Anteil 2000]	Japan 31,6 [46,5]; China 25,5 [8,3]; USA 6,3 [8,6]; Taiwan 4,9 [2,4]; Thailand 3,5 [1,7]; Hongkong 3,2; Philippinen 3,0; Übersee-Koreaner 3,0 [5,2]; Malaysia 1,6 [1,1]; Russland 1,5 [2,9]; Indonesien 1,3; Kanada 1,1; Deutschland 0,9 [1,0]; Sonstige 12,6		
Exportprodukte 2012 (in % des Warenexports)	elektrische Maschinen, Apparate, Geräte und Einrichtungen 15,6; Straßenfahrzeuge 12,7; Erdöl, Erdölerzeugnisse 10,4; andere Beförderungsmittel 7,3; Geräte für die Nachrichtentechnik 5,9		
Importprodukte 2012 (in % des Warenimports)	Erdöl, Erdölerzeugnisse 26,2; elektrische Maschinen, Apparate, Geräte und Einrichtungen 10,4; Gas 6,5; metallurgische Erze 5,4; Eisen und Stahl 4,1		

Nach a.a.O.

4

Tourismusbilanz Südkoreas: Saldo aus Einnahmen und Ausgaben (in Mio. US-$)

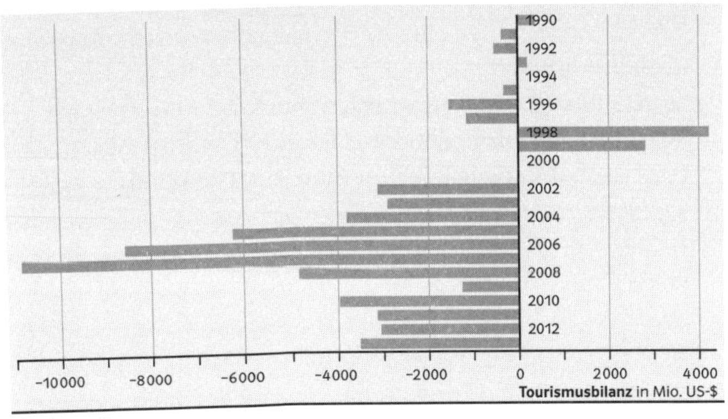

Nach a.a.O.

5

Touristen in Südkorea im Jahresverlauf

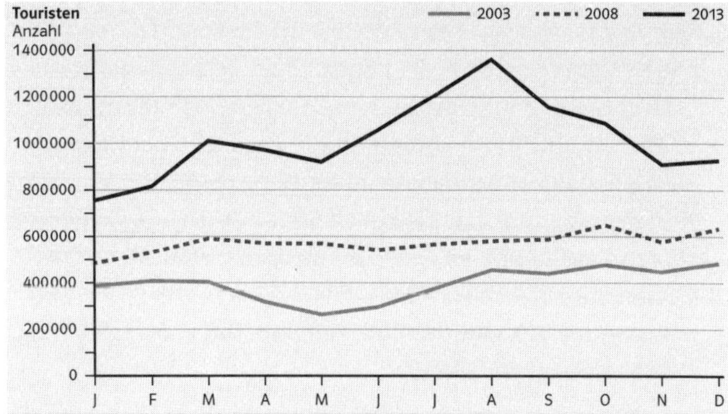

Nach a.a.O.

6

Ein eher seltenes, aber sehr interessantes Reiseziel

„... Wer über zehn Stunden Flug nicht scheut, der findet unter Umständen in Südkorea ein wahres Urlaubsparadies. Voraussetzung ist natürlich Aufgeschlossenheit der Kultur und dem dort herrschenden Klima gegenüber. Als Europäer wird man meist freundlich empfangen, wer des Englischen mächtig ist, sollte keine Probleme haben. Ohne einen Ortskundigen sollte man die Touristenzentren jedoch nicht unbedingt verlassen ... [Das] Festland hat eine Menge zu bieten. Als Tourist muss man natürlich die Hauptstadt Seoul unbedingt einmal gesehen haben. Vor allem der Königspalast ist einen Abstecher wert. Mit dem Flair der Metropole muss man sich als Westdeutscher jedoch erst anfreunden. Architektonisch hat Seoul nämlich nicht viel mehr zu bieten als riesige und triste, graue Gebäude und Wolkenkratzer.
Für Kultur pur eignet sich daher die Stadt Gyeongju viel besser. Sie liegt relativ zentral und verfügt über allerhand Sehenswürdigkeiten wie zum Beispiel die berühmten Gräber des Königs sowie viele Tempel und Museen.
Beim Thema Nachtleben sind die Südkoreaner sehr westlich eingestellt. Sie sind dem Alkohol nicht abgeneigt und halten gerne einen kleinen Schwatz mit den Touristen. Discos und andere Partylocations gibt es vor allem in Seoul mehr als genug. Probleme können deutsche Urlauber höchstens beim Essen bekommen. Zum einen ist es typisch asiatisch und daher stark gewürzt, zum anderen serviert man in Südkorea keine einzelnen Portionen. In der Regel isst die ganze Tischgesellschaft dasselbe. Teilweise bekommt man aus diesem Grund als Alleinreisender gar keinen Platz im Restaurant und auch Pärchen haben es schwer, wenn sie nicht zufällig dieselben Vorlieben haben."

www.paradisi.de/Freizeit_und_Erholung/Reiselaender/Suedkorea/, 05.07.2009

„... Mit einem neuen Touristenzug können Besucher ab sofort Südkorea erkunden. Der ‚Central Inland Region Tour Train' verkehrt auf zwei verschiedenen Routen, teilte Visit Korea mit. Der O-Train fährt auf einem rund 257 Kilometer langen Rundkurs von Seoul durch die Gebirgsregionen [dreier] Provinzen ... Abfahrt ist viermal täglich. Der Zug hat vier Waggons, darunter einen für Paare, einen für Familien und einen Aussichtswaggon. Der V-Train fährt auf einer mit 28 Kilometern deutlich kürzeren Strecke und verbindet Buncheon und Cheolam."

dpa unter: www.focus.de/reisen/diverses/tourismus-internationale-urlaubstipps-taiga-touren-und-suedkorea-trip_aid_982552.html, 07.05.2013

„In Südkorea ist plastische Chirurgie ganz alltäglich. Eine von fünf Frauen hat sich einer Schönheits-OP unterzogen, sagen Schätzungen. Und auch bei Männern wird der Trend immer populärer. Gleichzeitig versucht die südkoreanische Schönheits-Industrie, sich international in Stellung zu bringen. Südkorea buhlt um Medizintouristen aus der ganzen Welt. Und weil plastische Chirurgie Südkoreas ‚medizinisches' Vorzeigeprodukt ist, kommen immer mehr Touristen mit dem Ziel, sich einer Schönheitsoperation zu unterziehen.
Viele Chinesen beispielsweise kommen mit einem 15 Tage gültigen Medizintourismusvisum nach Seoul, 31 000 im Jahr 2012. Davon wiederum fast 63 Prozent mit dem Ziel, nachher besser auszusehen, berichtet Südkoreas Nachrichtenagentur Yonhap. Nach Daten der koreanischen Tourismusorganisation nutzten 2009 lediglich 4 700 chinesische Touristen das Medizinvisum."

fbo/dpa unter: www.n24.de/n24/Wissen/Reise/d/3617728/schoenheits-ops-kurbeln-tourismus-an.html, 20.10.2013, ergänzt

Der Tourismusverband strebt im Programm „Vision and Goals" für 2017 Einnahmen von 24 Mrd. US-$ an und 850 000 Arbeitsplätze im Tourismus an, wozu auch eine Stärkung der Binnennachfrage beitragen soll. Erreicht werden sollen diese Ziele durch die Vereinfachung von Investitionen in den Tourismus und eine Professionalisierung des im Tourismus beschäftigten Personals. Angestrebt wird zudem die Förderung des umweltfreundlichen Ökotourismus sowie eine Annäherung an den Qualitätstourismus.

7

2.7.3 Erwartungshorizont

1 Stellen Sie die natur- und kulturräumlichen Voraussetzungen des Tourismus in der Republik Korea dar (M1, Atlas, M7).

Die Republik Korea, die im allgemeinen Sprachgebrauch Südkorea genannt wird, liegt in Ostasien und nimmt den südlichen Teil der Koreanischen Halbinsel ein. Der einzige Nachbarstaat ist Nordkorea im Norden. Im Westen grenzt die Republik Korea an das Gelbe, im Süden an das Ostchinesische (Korea-Straße) und im Osten an das Japanische Meer. Das Land erstreckt sich vom 33. bis 38. nördlichen Breiten- und vom 126. bis 129. östlichen Längengrad. Der südlichste Punkt Koreas ist die Insel Cheju.

Physisch-geographische Rahmenbedingungen

Etwa 70 % der Fläche werden von Gebirgen eingenommen. Eine Gebirgskette erstreckt sich in Nord-Süd-Richtung. Die Verteilung und Aufgliederung des Gebirges führt dazu, dass die Halbinsel steil nach Osten in das Japanische Meer abfällt, während sie relativ sanft im Westen in das Gelbe Meer ausläuft. Die Berge erreichen Höhen bis zu 1915 m (Chirisan). Die über 1000 m hohen Berge findet man überwiegend in der östlichen Region.

Das Klima in der Republik Korea ist überwiegend ein warmgemäßigtes Regenklima (Cw-, Cf-Klima), das vom Nordwest- und Südostmonsun beeinflusst wird. Die Temperaturen liegen im Sommer zwischen 20 °C und 30 °C sowie in den Wintermonaten zwischen 0 °C und 10 °C. Nur der Süden, einschließlich der Insel Cheju, weist subtropische Verhältnisse auf. Der aus Südosten kommende Sommermonsun leitet die sommerliche Regenzeit ein, wobei die durchschnittlichen Niederschlagssummen im Juli bei 100 bis 200 mm liegen, während es im Januar nur 25 – 50 mm sind. Somit erweisen sich die Herbstmonate (etwa September bis November) als die beste Reisezeit. Unter touristischen Gesichtspunkten sind somit genügend Möglichkeiten beispielsweise zum Bergsteigen, Wandern (z.B. östlich von Seoul oder westlich von Taegu) sowie Mountainbiking/Radfahren (z.B. südlich von Chongju) in den Bergen bzw. den Nationalparks (nördlich Wonju und auf Cheju) gegeben. Die Wintermonate bieten zudem gute Voraussetzungen für den Wintersport. Für Badeurlauber, die den Strand bevorzugen, bieten sich an der flachen Westküste sowie auf der im Süden vorgelagerten Insel Cheju, aber auch im Nordosten (nördlich von Kangnung) viele Möglichkeiten.

Kulturräumliche Rahmenbedingungen

Südkorea ist verkehrsmäßig gut erschlossen. Busan und Seoul sind durch eine Hochgeschwindigkeitsbahn miteinander verbunden. Zahlreiche Autobahnen und Fernstraßen sowie die internationalen Flughäfen (Inchon International Airport, Chongju International Airport) gewährleisten eine gute internationale Erreichbarkeit. Auch über den Seeweg ergeben sich durch zahlreiche Häfen (Inchon und Kunsan an der Westküste, Mokpo und Masan an der Südküste sowie Busan, Ulsan und Pohang an der Ostküste) günstige Verbindungen.

Zu den besonderen Orten gehören insbesondere historische Stätten und Tempelanlagen (z.B. westlich von Taegu, zwischen Pohang und Ulsan an der Ostküste oder südlich von Sunchon). Letztere können für einen Aufenthalt im buddhistischen Kloster genutzt werden („Templestay" = typische Übernachtungsform in Südkorea).

Darüber hinaus ist die Hauptstadt Seoul nicht nur das politische Zentrum Südkoreas, sondern gleichzeitig, wie in anderen Ländern auch, ein Magnet für Touristen mit einem entsprechend vielfältigen Angebot. Daneben ziehen andere Städte, wie beispielsweise die Hafenstadt Busan oder Taejon im Zentrum Südkoreas, ebenfalls Urlauber an.

Damit ergeben sich günstige natur- und kulturräumliche Grundlagen für die Entwicklung verschiedener Formen des Tourismus. Dazu gehören insbesondere der Trekkingtourismus, Bildungstourismus, Städtetourismus, Aktivurlaub und Badeurlaub sowie der Ökotourismus.

2 Erläutern Sie Bedeutung und Entwicklung des Tourismus für die Republik Korea (M2, M3 – M6).

Im Zeitraum von 1990 bis 2013 hat sich die Anzahl der Touristenankünfte vervierfacht, wobei klare Schwankungen auftreten. M3 zeigt deutlich die unterschiedlichen Wachstumsraten. Der Rückgang der Besucherzahlen in Südkorea in den Jahren 2001 und 2003 ist auf den Terroranschlag in den USA („9/11") bzw. auf die SARS-Pandemie zurückzuführen. Dagegen hatten die Finanzkrise 2008 und die politischen Spannungen zwischen Nord- und Südkorea im Jahr 2013 nur geringe bzw. gar keine Auswirkungen.

Die Verdopplung der Einnahmen aus dem Tourismus seit dem Jahr 2000 und die insgesamt positive Entwicklung der Touristenzahlen im gleichen Zeitraum lässt darauf schließen, dass der Tourismus unter volkswirtschaftlichen Gesichtspunkten eine zunehmende Bedeutung im Haushalt des Landes einnimmt. In diesem Zusammenhang spielt auch die steigende Zahl der Beschäftigten im Tourismus eine wichtige Rolle. Ihr Anteil hat innerhalb von sieben Jahren um 0,1 Prozentpunkte auf 6,4 % zugenommen. Gestützt werden diese Erkenntnisse durch die Anteile des tertiären Sektors am BIP, die seit dem Jahr 2000 auf einen Anteil von rund 58 % angewachsen sind. Im gleichen Zeitraum hat der Anteil des Tourismus am BIP zwar um 0,7 Prozentpunkte abgenommen, dennoch betrug der Anteil 2012 immer noch 5,9 %. Auch der Anteil der Erwerbstätigen im Dienstleistungssektor nahmen von rund 61 % auf rund 70 % zu. Dabei ist zu berücksichtigen, dass der Tourismus vielen Menschen vor Ort Beschäftigungsmöglichkeiten bringt, dabei dürfte es sich allerdings überwiegend eher um Tätigkeiten im niedrig qualifizierten und gering bezahlten Dienstleistungssektor handeln.

Erkennbar ist in M6 eine Entwicklung hin zu einer ausgeprägten Saisonalität der touristischen Nachfrage, die insbesondere im Jahr 2013 sehr deutlich wird. Wurde das Maximum 2003 im Dezember mit rund 500 000 Touristen erreicht – das Minimum lag im Mai mit etwas mehr als 25 000 Touristen – sticht im Jahr 2013 der Monat August mit etwa 1,4 Mio. Touristen hervor, während selbst der minimale Wert noch bei rund 750 000 Touristen im Januar lag. Es ist insgesamt eine Tendenz in Richtung der Sommermonate zu erkennen. Diese Tendenz zur

Saisonalität und Bevorzugung der Sommermonate wirkt sich ökonomisch nachteilig aus, da die Bettenkapazitäten unterschiedlich ausgelastet sind und es zu einer geringeren Nachfrage nach Beschäftigten im Tourismusgewerbe bzw. daraus resultierend zu Entlassungen kommt.
Kamen im Jahr 2000 noch fast die Hälfte der Touristen aus Japan, so zeigen die Zahlen für 2012, dass sich die Anteile der Nationalitäten deutlich verändert haben. Es sind zwar immer noch die Japaner, die den größten Anteil stellen, allerdings entfallen auf die Chinesen inzwischen fast 26%, wohingegen Japans Anteil auf weniger als ein Drittel abgesunken ist. Insgesamt kamen 2012 $^3/_4$ der Touristen aus dem asiatisch-pazifischen Raum, wobei es sich um zahlungskräftige Touristen handeln dürfte, die Devisen nach Südkorea bringen, was sich auch vor Ort wirtschaftlich positiv auswirkt.
Der sogenannten Tourismusbilanz, also dem Saldo aus den Einnahmen und den Ausgaben für den Tourismus, ist zu entnehmen, dass die Südkoreaner selbst seit dem Jahr 2002 deutlich mehr ausgegeben haben als von ausländischen Touristen an Devisen ins Land kam. Gleichwohl hat sich die Bilanz nach den Jahren 2005 bis 2007 auf einen Wert von 3 Mrd. US-$ eingependelt.

3 „Tourism will be growth engine for an improved national economy and quality of life".
Beurteilen Sie diese im Programm „Vision and Goals" formulierte Auffassung des koreanischen Tourismusverbandes (Atlas, M1 – M7).

Bei der Beurteilung der Aussage sollte zwischen politisch und planerisch steuerbaren Entwicklungen sowie nicht vorhersehbaren äußeren Ereignissen, die alle bis dahin erfolgten Anstrengungen zumindest zeitweilig wieder zunichtemachen können, unterschieden werden. Grundsätzlich ist die Aussage des koreanischen Tourismusverbandes sicherlich richtig. Der Tourismus zeigt sich auch in Südkorea in gewissem Sinne als Entwicklungsmotor, der nicht nur unter ökonomischen Gesichtspunkten das Land voranbringt, sondern auch unter sozialen Aspekten für Beschäftigungsmöglichkeiten sorgt. Die erkennbaren Verbesserungen bei der Arbeitslosenrate und die Anteile des Tourismus bei den Beschäftigten und am BIP können dafür als Belege herangezogen werden. Wirtschaftlich gesehen tragen Deviseneinnahmen aus dem Tourismus zur Verbesserung der Außenwirtschaftsbilanz und zu steigenden Einkommen bei. Vorteilhaft erweist sich auch das breite Spektrum an Tourismusarten, wobei sich der Medizintourismus in den letzten Jahren besonders entwickelt hat.
Das Programm „Vision and Goals", das auf das Jahr 2017 ausgerichtet ist, enthält Maßnahmen, die als sinnvolle Rahmenbedingungen (wie z. B. die Abschaffung von bürokratischen Hindernissen oder der Professionalisierung der im Tourismussektor Beschäftigten) für die Entwicklung eines nachhaltigen Tourismus angesehen werden können. Auch das Ziel, verstärkt auf die Berücksichtigung von Umweltaspekten zu setzen, geht in die richtige Richtung. Erkannt worden sind offensichtlich auch die Auswirkungen eines Massentourismus. Allerdings fehlen Ausführungen, die überzeugend darlegen, wie die Ziele erreicht werden sollen und können.
Gewährleistet sein muss, dass durch die stärkere Förderung des Tourismus der Haushalt Südkoreas nicht so stark belastet wird, dass eventuell notwendige Investitionen in anderen Bereichen nicht getätigt werden können.
Im Bereich der Umwelt ist erfahrungsgemäß eine hohe Belastung des Naturraums durch touristische (Über-)Nutzung vor allem an den Küsten zu verzeichnen. Die Hotelanlagen werden häufig bis an die Wasserkante gebaut, wodurch natürliche Barrieren entfernt werden und der Küstenschutz beeinträchtigt wird. Die räumliche Expansion touristischer Infrastruktur verursacht im Landesinneren einen Rückgang natürlicher oder landwirtschaftlich genutzter Flächen. Darüber hinaus ergeben sich besondere Ansprüche an Versorgungs- und Entsorgungseinrichtungen.
Aus ökologischer Perspektive trägt die Einrichtung von Nationalparks zwar zur Erhaltung von Tierwelt und Vegetation bei, gleichzeitig besteht aber die Tendenz zur Landschaftszerstörung durch Übernutzung und Zersiedelung. Ressourcen des Landes dürfen nicht einseitig zugunsten des Tourismus genutzt werden.
Nachteilig könnte sich auch die Fokussierung auf japanische und chinesische Touristen auswirken, da eine Änderung der Reisegewohnheiten der Touristen aus beiden Ländern gravierende Konsequenzen hätte. Sie können eine Trendwende bei der Nachfrage bewirken, sodass die Deviseneinnahmen schrumpfen, die Kapazitäten nicht ausgeschöpft werden und dadurch Beschäftigte arbeitslos werden.
Unter dem Aspekt nicht vorhersagbarer Ereignisse, hier sind in erster Linie die Lage in einer tektonisch labilen Region und in einem Taifungebiet genannt, können beispielsweise die verheerenden Auswirkungen des Taifuns 2012, aber auch die Gefahr von Terroranschlägen oder Pandemien angeführt werden. Selbst wenn die Auswirkungen der globalen Finanzkrise auf Südkoreas Tourismus ohne nennenswerte Wirkung blieben, so bleiben unkalkulierbare Risiken. Bei der Entwicklung eines nachhaltigen Tourismus bzw. der Schaffung der notwendigen Rahmenbedingungen für einen sanften Tourismus ist Südkorea auf dem richtigen Weg. Allerdings ist der Tourismus nur ein Faktor, der die Entwicklung eines Landes voranbringen kann. Aufgrund seiner Krisenanfälligkeit muss die wirtschaftliche Strategie allerdings breiter angelegt werden. Gegenwärtig ist Südkorea aufgrund seiner diversifizierten Wirtschaftsstruktur und eines deutlich positiven Leistungsbilanzsaldos trotz einer zunehmenden Staatsverschuldung insgesamt noch gut aufgestellt, dabei kann sich die starke Exportorientierung jedoch auch nachteilig auswirken.

2.8 Argentinien – mit Soja in die Zukunft?

2.8.1 Schwerpunktmethode: Beurteilen/Stellung nehmen

Der Operator „beurteilen“ verlangt von Ihnen, dass Sie Sachverhalte, Aussagen, Behauptungen, Vorschläge, Maßnahmen oder Prozesse im Zusammenhang auf ihre Stichhaltigkeit bzw. Angemessenheit überprüfen, um kriterienorientiert zu einem begründeten Sachurteil zu gelangen.

Der Operator „Stellung nehmen“ verlangt von Ihnen, dass Sie Aussagen, Behauptungen, Vorschläge oder Maßnahmen beurteilen und mit zusätzlicher Reflexion individueller, sachbezogener und / oder politischer Wertmaßstäbe, die Pluralität gewährleisten, zu einem begründeten eigenen Werturteil führen.

Prozess der (geographischen) Urteilsbildung

Sachanalyse

Urteil

begründete Stellungnahme zu einem Sachverhalt auf der Grundlage von Kategorien bzw. Kriterien

Werturteil

Urteil, das auf den gegenwärtigen subjektiven und gesellschaftlichen Normen- und Wertesystemen beruht

Leitfragen
- Was soll / sollte sein?
- Ist die Entscheidung fair?
- Ist sie gerecht?
- Sind die Folgen (beabsichtigte und unbeabsichtigte) für die Betroffenen zumutbar?
- Entspricht die geplante Maßnahme den Normvorstellungen der Gesellschaft?
- Ist die Entscheidung mit grundlegenden ethischen / moralischen Prinzipien vereinbar?
- Ist eine Entscheidung sozial gerecht?
- Wird das Problem gelöst?
- …

Dimensionen
- Interesse
- Legitimität
- Nachhaltigkeit
- …

Merkmale
- logisch nicht überprüfbar
- nicht beweisbar, d.h. nicht falsifizierbar
- subjektiv, d.h. intersubjektiv nicht ohne weiteres übertragbar
- …

Sachurteil

Urteil, das auf Erkenntnissen beruht, die sich durch Fakten oder Kausalzusammenhänge begründen lassen

Leitfragen
- Was ist?
- Ist die Entscheidung sinnvoll?
- Worin und für wen besteht der Nutzen?
- Trägt die Entscheidung zur Lösung des Problems bei?
- Ist ein Kompromiss möglich?
- Sind die Folgen / Auswirkungen beherrschbar?
- Welche Theorien bzw. Prinzipien liegen zugrunde?
- Gibt es Vergleichsmöglichkeiten?
- …

Dimensionen
- Effizienz / Nutzen
- Durchsetzbarkeit
- Ausgewogenheit
- Nachhaltigkeit
- …

Merkmale
- sachlich (wissenschaftlich) angemessen
- in sich stimmig
- beweisbar, d.h. falsifizierbar
- logisch überprüfbar
- objektiv, d.h. intersubjektiv übertragbar
- …

In der Realität machen es sich widersprechende Sachurteile dem „Laien“ oft schwer, deren „Richtigkeit“ zu beurteilen.

2.8.2 Klausur

1 Beschreiben Sie die Entwicklung des Weltsojamarktes (M1 – M4). (25 %)

2 Charakterisieren Sie die sozio-ökonomische Situation Argentiniens (M4 und M5). (35 %)

3 Nehmen Sie Stellung zu Argentiniens Entscheidung, im Agrarsektor auf den Sojaanbau zu setzen (M1 – M7). (40 %)

Preise für Sojabohnen auf dem Weltmarkt (in US-$/Bushel*)

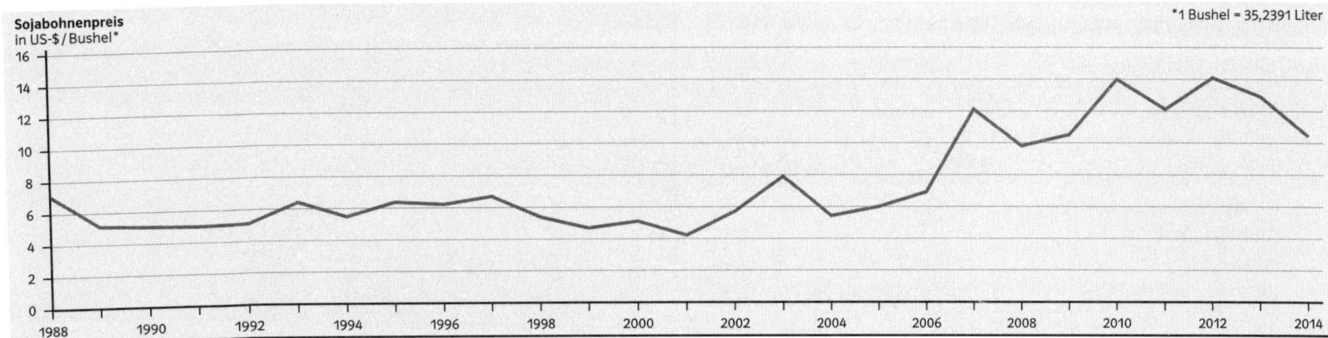

Nach www.boerse.de, Okt. 2014; *Bushel = amerikanisches Raummaß, gebräuchlich im Getreidehandel, 1 bu ≈ 35,2 l

1

Entwicklung des Soja-Exports (in 1 000 t)

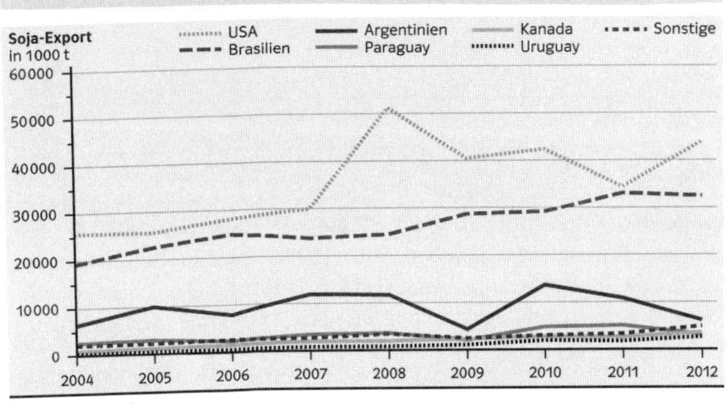

Nach FAO 2013

2

Entwicklung des Soja-Imports (in 1 000 t)

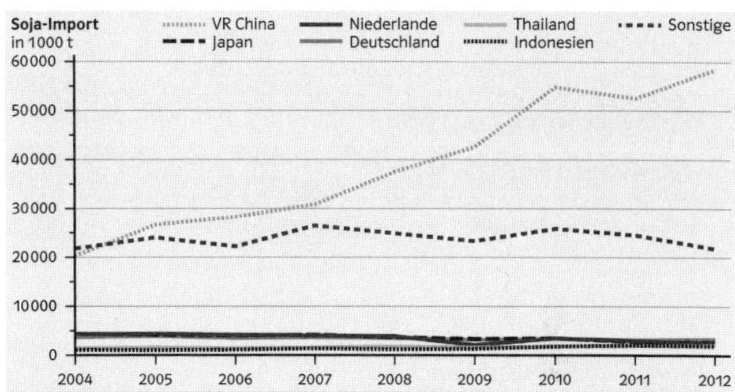

Nach a.a.O.

3

Argentinien: Anbauflächen landwirtschaftlicher Produkte

	1990		2000		2012	
	ha	%	ha	%	ha	%
Sojabohnen	4 961 600	18,0	8 637 503	30,2	17 577 320	43,6
Weizen	5 817 300	21,1	6 475 695	22,6	3 019 403	7,5
Mais	1 560 330	5,7	3 088 715	10,8	3 696 300	9,2
Reis	116 620	0,4	189 050	0,7	235 372	0,6
Hirse	49 400	0,2	31 650	0,1	9 890	0,0
Hafer	451 200	1,6	335 534	1,2	260 240	0,6
Sonnenblumen	2 688 700	9,7	3 477 120	12,1	1 823 412	4,5
Bohnen	451	0,0	600	0,0	1 050	0,0
Summe	15 645 600	56,7	22 235 867	77,6	26 622 987	66,1
Gesamtfläche	27 595 000	100,0	28 640 000	100,0	39 048 000	100,0
Sojabohnen						
USA	22 869 008	12,2	29 302 790	16,5	29 856 410	18,9
Brasilien	11 487 300	20,0	13 640 026	20,9	23 968 663	30,1

Nach a.a.O.

4

Ausgewählte Strukturdaten Argentiniens 2012	
Fläche (in km²)	2 780 403
Einwohnerzahl (in 1000)	41 087
Städtische Bevölkerung (in %)	92,6
Bevölkerungswachstum (in %)	0,9
Fertilität (Geburten pro Frau)	2,2
Lebenserwartung (in Jahren) [2011]	76
Anteil der Bevölkerung unter der Armutsgrenze (in %) [2010]	30,0
HDI-Wert (HDI-Rang)	0,811 (45)
BNE/Kopf (in US-$)	9 740
Veränderung des BIP (in % zum Vorjahr)	8,9
Anteil der Wirtschaftssektoren am BIP (in %) Landwirtschaft Industrie Dienstleistungen	 11,0 32,8 56,2
Anteil der Beschäftigten (in %) in ... Landwirtschaft Industrie Dienstleistungen	 1,3 23,4 75,3
Arbeitslosenrate (in %)	7,21
Inflationsrate (in %) [2013: 20,8]	10
Ausländische Direktinvestitionen (in % des BIP)	2,64
Exportvolumen (in Mio. US-$)	81 176
Importvolumen (in Mio. US-$)	65 562
Bedeutende Rohstoffe	mineralische Rohstoffe: Eisenerz, Steinkohle, Zink, Zinn, Blei, Kupfer, Wolfram, Asbest, Uran, Mangan, Silber, Gold sowie Erdöl und Erdgas; agrarische Rohstoffe: Soja, Mais, Weizen, Obst und Gemüse, Sonnenblumen und Rindfleisch; große Fischressourcen im Südatlantik
Exportländer 2012 (Anteil in %)	Brasilien 20,4; Chile 6,3; China 6,2; USA 5,1; Spanien 3,3; Niederlande 2,8; Venezuela 2,7; Sonstige 53,2
Wichtigste Exportprodukte	Soja und Sojaprodukte, Erdöl und Erdölprodukte sowie Erdgas, Getreide, Kfz und Kfz-Teile, Bergbauprodukte (Gold, Kupfer, Silber), Maschinen/Apparate, elektr. Apparate und Geräte, chemische Erzeugnisse, Plastik- und Gummiwaren, Fleisch
Importländer 2012 (Anteil in %)	Brasilien 26,1; China 14,5; USA 12,4; Deutschland 5,4: Mexiko 3,3; Trinidad & Tobago 2,8; Frank-reich 2,3; Sonstige 33,2
Wichtigste Importprodukte	Kfz und -Teile, Maschinen/Apparate, elektr. Apparate und Geräte, Erdgas und Erdöl, Kunststoffe u. Erzeugnisse, organische Verbindungen, pharmazeutische Produkte, chemische Erzeugnisse (Schädlingsbekämpfungsmittel), Mess- und medizinische Instrumente, Stahlwaren, Fluggeräte

Nach a.a.O.

5

Futter statt Land

„... Von dem Geschäft profitieren fast ausschließlich Großunternehmen. Während der Sojaanbau vor Ort oft vom lokalen Agrobusiness und sogenannten Sojakönigen betrieben wird, kontrollieren internationale Großkonzerne den Großteil des Geschäfts. Die Konzerne, die (genmanipuliertes) Saatgut verkaufen, sind häufig dieselben, die auch die für den erfolgreichen Anbau der Monokulturen erforderlichen Pestizide und Herbizide anbieten. Dazu zählen vor allem die US-amerikanische Biotechfirma Monsanto und der Konzern Syngenta. An der Versprühung von giftigen Pestiziden und Herbiziden verdienen mit Bayer und BASF auch deutsche Firmen mit. Die Mechanisierung der Landwirtschaft kommt Maschinenherstellern wie John Deere, Volvo oder Caterpillar zugute. Der Handel von Soja auf dem internationalen Markt wird von Agrar-Großkonzernen wie ADM (Archer Daniels Midland), Cargill und Bunge kontrolliert ...
Fast das gesamte in Argentinien angebaute Soja ist heute Monsantos genetisch modifiziertes ‚Roundup Ready', das gegen das gleichnamige Herbizid (überwiegend Glyphosat) resistent ist, das ebenfalls von Monsanto geliefert wird ...
Auf die kleinbäuerliche Landwirtschaft, die Menschen vor Ort und die Umwelt hat der Soja-Boom äußerst negative, teils dramatische Auswirkungen. Das Soja-Modell basiert grundsätzlich auf Monokultur und Mechanisierung der Landwirtschaft. Der Anbau rentiert sich erst im großen Maßstab, da für genmanipulierte Samen, Pestizide und Technik hohe Kosten anfallen. Bauern werden in dem Soja-Modell praktisch überflüssig. Für 500 Hektar Soja-Anbau reicht eine Person zur Bewirtschaftung des Landes. Die Ausbreitung der Soja-Front hat permanent die erzwungene und teils offen gewaltsame Vertreibung der ländlichen und indigenen Bevölkerung zur Folge ...
In der Regel findet der Sojaanbau in Direktsaat statt. Bei dieser Methode wird der Boden kaum umgepflügt, wodurch ein hoher Pestizideinsatz erforderlich wird. Der Einsatz von Pestiziden und Herbiziden, der wie etwa im Fall von Monsantos Roundup Ready fest zum Soja-Modell dazugehört, hat schlimme Konsequenzen. Menschen, die in unmittelbarer Nähe von Sojafeldern leben, sind akuten Gesundheitsgefährdungen ausgesetzt. Als Folgen des flächendeckenden Pestizideinsatzes sind unter anderem Erbrechen, Durchfall, Allergien, Krebsleiden sowie Missbildungen dokumentiert. Durch die Verschmutzung von Flüssen sind auch Menschen, die nicht direkt neben einem Sojafeld, aber flussabwärts leben, von den Folgen des Soja-Anbaus betroffen ...
Hinzu kommt, dass durch den fortschreitenden Soja-Anbau die Artenvielfalt zurückgeht und große Waldflächen vernichtet werden. Mindestens 21 Millionen Hektar Wald in Brasilien, 14 Millionen Hektar in Argentinien und je zwei Millionen Hektar in Paraguay und Bolivien wurden bereits abgeholzt, um Sojafelder anzulegen ...
Die Ausweitung der Soja-Monokulturen basiert auf einer großflächigen industriellen Landwirtschaft, die kaum noch Bauern und Arbeiter benötigt. Diese verlassen das Land in Richtung Armenviertel der Städte, auf der Flucht vor Armut, Arbeitslosigkeit und Gefahren für die Gesundheit ..."

Tobias Lambert: Futter statt Land. Unter http://land-grabbing.de/triebkraefte/futtermittel/fallbeispiel-sojaproduktion-in-lateinamerika/, Okt. 2014

6

Schwieriger Dialog

„... Die Spannungen zwischen den Agrarverbänden und der Regierung haben weiter zugenommen. Preissteigerungen haben die Rentabilität der landwirtschaftlichen Produktion deutlich geschmälert: So stieg der Dieselpreis im vergangenen Jahr um 29 %, Saatgut bis zu 44 % und die Personalkosten um 26 %. 2012 wurde der Zugang zu Devisen sehr erschwert, die Folge war das Entstehen eines Parallelmarktes für USD, der mittlerweile über 50 % über dem offiziellen Kurs liegt. Will ein Landwirt den Erlös aus der Ernte vor der ca. 25 % hohen Inflation schützen, so konnte er bisher seine Pesos in USD offiziell wechseln. Heute kann er dies nur noch auf dem viel schlechteren Parallelkurs / Markt und bekommt entsprechend weniger dafür.
Während ein Landwirt in den USA oder Brasilien für eine Tonne Soja 500 USD kassierte, bekam ein argentinischer Landwirt nicht einmal die Hälfte in USD. 60 % der Landwirte rechnen mit wirtschaftlicher Verschlechterung in 2013 ..."

Bundesministerium für Ernährung, Landwirtschaft und Verbraucherschutz (Hrsg.): Länderbericht Argentinien. Stand: April 2013, S. 16

7

2.8.3 Erwartungshorizont

1 Beschreiben Sie die Entwicklung des Weltsojamarktes (M1 – M4).

Die Entwicklung auf dem Weltmarkt für Sojabohnen spiegelt auf der Seite der Exportländer eine Dominanz der USA wider, gefolgt von Brasilien. Den dritten Rang nimmt Argentinien ein. Alle drei Länder haben im Zeitraum von 1990 bis 2012 sowohl die Anbauflächen für Sojabohnen als auch den Anteil des Sojabohnenanbaus an der landwirtschaftlichen Nutzfläche deutlich erhöht. Argentinien hat dabei die Anbaufläche auf das 3,5-fache erweitert.

Der Export der USA ist starken Schwankungen unterlegen, wobei der Höchstwert im Jahre 2008 mit 51 Mio. t nicht wieder erreicht worden ist. Im Jahr 2011 konnte Brasilien mit den USA gleichziehen. Im Folgejahr nimmt der Export Brasiliens wieder leicht auf 32 Mio. t ab. Argentinien nimmt unter den Sojabohnen-Exporteuren zwar den dritten Rang ein. Die exportierten Tonnen bewegen sich seit 2004 zwischen 6 Mio. und 14 Mio., wobei die Tendenz rückläufig ist. Unter den Importländern nimmt China eindeutig den ersten Rang ein. Die Nachfrage stieg von 20 Mio. t (2004) auf 58 Mio. t (2012) an. Deutschland rangiert 2012 auf Platz zwei mit 3,3 Mio. t, gefolgt von Japan mit 2,7 Mio. t.

Deutlich höhere Schwankungen sind bei der Preisentwicklung bei Sojabohnen zu erkennen. Lag der Preis pro Bushel im Jahr 2004 noch bei 5,48 US-$, führte eine verstärkte Nachfrage seit 2007 zu deutlich steigenden Preisen. Dem Rekordwert von 14,20 US-$ pro Bushel im Jahr 2012 folgte eine abnehmende Tendenz auf 10,43 US-$ pro Bushel Mitte 2014.

2 Charakterisieren Sie die sozio-ökonomische Situation Argentiniens (M4 und M5).

Die demografische Situation Argentiniens zeigt eine Bevölkerung, deren Lebenserwartung bei 76 Jahren liegt. Sie weist ein normales Bevölkerungswachstum mit einer Fertilität von 2,2 Geburten pro Frau auf. Mehr als neun Zehntel der Menschen leben in Städten. Immer noch nur etwas weniger als ein Drittel der Bevölkerung lebt unterhalb der Armutsgrenze. Die Arbeitslosenrate ist mit rund 7% hoch. Auch die Inflationsrate ist mit 10% bemerkenswert hoch. Für 2013 liegt sie sogar bei fast 21%.

Zu den Charakteristika der wirtschaftlichen Situation Argentiniens gehören mit knapp 9% ein deutliches Wirtschaftswachstum, wobei das BNE/Kopf mit 9740 US-$ nur einen mittleren Wert ergibt. Der immer noch hohe Anteil der unter der Armutsgrenze lebenden Menschen zeigt, dass das Wirtschaftswachstum nicht in allen Bevölkerungsschichten angekommen ist. Mit 56,2% Anteil am BIP und einem Anteil von 75,3% an den Beschäftigten dominiert der Dienstleistungssektor. Nur 1,3% der Beschäftigten in der Landwirtschaft erwirtschaften einen Anteil von 11% am BIP.

Der Anbau der landwirtschaftlichen Produkte zeigt 1990 eine deutliche Tendenz in Richtung Sojabohnen. Diese nehmen im Jahr 2012 fast 44 % der Anbaufläche ein, wobei insbesondere die Anbaufläche für Weizen drastisch reduziert (halbiert) worden ist. Diese Umstrukturierung ging zulasten des Weizen- und Sonnenblumenanbaus. Zugenommen hat gegenüber 1990 auch die Anbaufläche für Mais, allerdings liegt der Anteil 2012 nur bei rund 9%.

Argentinien verfügt sowohl über mineralische als auch über agrarische Rohstoffe, die auf dem Weltmarkt nachgefragt werden. Beim Außenhandel liegt eine deutliche Ausrichtung auf den Nachbarn Brasilien vor. Was die Handelsbilanz anbetrifft, so ergibt sich insgesamt ein positiver Saldo von rund 16000 Mio. US-$.

Als zusammenfassender Indikator spiegelt der HDI den sozioökonomischen Entwicklungsstand Argentiniens wider. Der für 2012 mit angegebene Wert (0,811) entspricht dem 45. Rang in der Welt. Für 2012 klassifiziert der HDI Argentinien somit als Land mit einem sehr hohen Entwicklungsstand (very high human development). (Hinweis: einige Atlaskarten ordnen in der Legende einen Wert zwischen 0,8 und 0,9 nur als „hoch" ein).

3 Nehmen Sie Stellung zu Argentiniens Entscheidung, im Agrarsektor auf den Sojaanbau zu setzen (M1 – M7).

Die Entscheidung Argentiniens, den Sojaanbau zu forcieren und die Hälfte der landwirtschaftlichen Nutzfläche dafür zu verwenden, ist insgesamt kritisch zu sehen. Lediglich ökonomische Gesichtspunkte sprechen für die Entscheidung.

Ein Blick auf den Sojapreis und die Entwicklung des Sojakurses zeigt deutlich, dass trotz der Schwankungen die Nachfrage nach diesem Wirtschaftsgut steigt. Ursache dafür sind Industrienationen wie China und andere asiatische Länder, in denen Soja eines der wichtigsten Lebensmittel darstellt und für die Geflügel- und Schweinezucht verwendet wird.

Argentinien gehört zwar zu den drei Sojaproduzenten, die auf dem Weltmarkt führend sind, allerdings zeigt der Vergleich mit Brasilien und den USA, dass der Abstand zu diesen beiden Produzenten einerseits groß ist und andererseits die Entwicklung des Exports bei Argentinien wesentlich größeren Schwankungen unterlegen ist. Eine große Unbekannte ist hierbei u. a. der Wettereinfluss, denn Trockenheit und Hitze verschlechtern die Ertragsaussichten für Sojabohnen wesentlich. Preissteigerungen haben dazu geführt, dass die Rentabilität der landwirtschaftlichen Produktion für argentinische Landwirte im Vergleich zu Landwirten in den USA und Brasilien deutlich geringer geworden ist.

Unter sozialen Gesichtspunkten erweisen sich die exportorientierte industrielle Landwirtschaft sowie der Anbau in Monokulturen als Triebkräfte für Landkonflikte. Das vorherrschende Agrarmodell basiert auf Vertreibungen und Umweltzerstörung, verhindert Ernährungssouveränität und untergräbt Ernährungssicherheit. Der weltweite Hunger nach Soja, auch mit dem Ziel, das Hungerproblem zu lösen, könnte ins Gegenteil umschlagen und Hunger verursachen. Die Ausweitung des Sojabohnenanbaus wirkte sich somit insbesondere für die Kleinbauern bereits nachteilig aus, da sich der monokulturelle Anbau nur im großflächigen Anbau rentiert. Aufgrund der Mechanisierung werden nur wenige Arbeitskräfte benötigt, der geringe Anteil an den Gesamtbeschäftigten spiegelt diese Entwicklung wider. Zudem ist der Anbau durch den verstärkten Einsatz von Dünger, Herbiziden und Pestiziden kostenintensiv – Kosten, die nur von Großbetrieben im Rahmen einer industrialisierten Landwirtschaft bewältigt werden können. Darüber hinaus konnten inzwischen Gesundheitsgefährdungen (erhöhte Krebsraten) nachgewiesen werden, wobei die Folgen des verstärkten Einsatzes genmanipulierten Saatguts noch gar nicht abzusehen sind. Ökologisch bedenklich ist der Anbau von Sojabohnen bzw. dessen Forcierung nicht nur, weil Wälder in großem Ausmaß (14 Mio. ha) abgeholzt werden mussten, um die Felder anlegen zu können, sondern auch durch verstärkten Einsatz von Pflanzenschutzmitteln, durch die es zu einer Kontamination der Anbaugebiete (u.a. Verschmutzung von Flüssen) kommt.

Zusammenfassend ergibt sich, dass die argentinische Wirtschaft mit rund 9% eine Wachstumsrate wie China vorweisen kann, wobei eine wichtige Antriebsfeder der Export von Sojabohnen ist. Doch dieser Boom hat eine Schattenseite. Im Sinne der Nachhaltigkeit und damit Zukunftsfähigkeit überwiegen die Zweifel an der Entscheidung Argentiniens, auf den Sojaanbau zu setzen. Denn viele Kleinbauern in den Provinzen kämpfen ums wirtschaftliche Überleben. Der Sojaanbau bedroht ihren Lebensraum, Pflanzenschutzmittel belasten die Umwelt und große Agrarunternehmen – oft mit internationalem Kapital im Rücken – verdrängen sie. Die steigende Nachfrage nach Soja und die entsprechenden Reaktionen Argentiniens führen zur Verödung ganzer Landstriche. Langfristig gesehen können die ökonomischen Erfolge nachlassen, sodass sich die Ausrichtung auf den Anbau von Sojabohnen nachteilig auswirkt. Nicht unproblematisch ist die Tatsache, dass multinationale Agrarunternehmen wie beispielsweise Cargill den Sojabohnenhandel auf dem Weltmarkt kontrollieren. Argentiniens Wirtschaft und Export sind allerdings diversifiziert, sodass sich Veränderungen auf dem Weltsojamarkt sicherlich in gewissem Maße kompensieren lassen.

3 Mündliche Prüfung: Vorbereitung und Tipps

3.1 Vorbereiten mit System

Der Weg zur erfolgreich abgelegten Prüfung kann, wie bereits festgestellt, durch eine systematische Vorbereitung wesentlich erleichtert werden. Nutzen Sie die große Chance der mündlichen Prüfung, die Abiturnote um vielleicht entscheidende Zehntel zu verbessern, indem Sie das folgende Kapitel gewissenhaft durcharbeiten. Hängt doch der Erfolg bei der mündlichen Prüfung, wie bei der Klausur, wesentlich von einer sachgerechten und effizienten Vorbereitung ab. Dazu will Ihnen dieses Kapitel einige Tipps und Tricks verraten sowie ein Musterbeispiel aus der Praxis zum Üben geben. Wenn Sie die folgenden Anregungen beachten, ist zwar das gute Abschneiden noch nicht garantiert, aber der Weg dahin wird leichter.

Grundsätzlich eignen sich auch die in diesem Heft vorgestellten Klausuren zur Vorbereitung auf die mündliche Prüfung; in der Regel sind die Materialien jedoch zu umfangreich und die Aufgaben zu komplex, um sie in der knappen Vorbereitungs- und Prüfungszeit angemessen zu bearbeiten. Sie können dennoch mit allen Klausuren dieses Heftes auch für die mündliche Prüfung üben.

Was wird in der mündlichen Prüfung verlangt?
Wie mache ich mich fit?

Die Aufgaben in der mündlichen Abiturprüfung sind – wie in den schriftlichen Abiturklausuren auch – so angelegt, dass Ihnen einerseits Gelegenheit gegeben wird, Ihre im Unterricht erworbenen Kenntnisse in die Prüfung einzubringen. Andererseits dürfen die Aufgaben aber im Unterricht nicht so weit vorbereitet sein, dass ihre Lösung keine selbstständige Leistung mehr darstellt, also z. B. nur mehr die Reproduktion von Vorwissen erfordert.

Das klingt nicht nur anspruchsvoll, sondern ist es auch. Aber keine Panik! Grundsätzlich wird von Ihnen in der mündlichen Prüfung nichts gänzlich Neues verlangt. In aller Regel sind die Prüfungsaufgaben so angelegt, dass Sie entweder an einem unbekannten Raumbeispiel oder anhand unbekannter Materialien bekannte, d. h. im Unterricht besprochene geographische Sachverhalte darzustellen haben oder sie sollen anhand bekannter Raumbeispiele neue Sachverhalte, Strukturen oder Entwicklungen ermitteln. Um dies zu gewährleisten, sind die Prüfungen nach einem bestimmten festgelegten Schema angelegt. Dies wird Ihnen die Bearbeitung ungemein erleichtern – vorausgesetzt, Sie überlassen das Abschneiden in der Prüfung nicht dem Zufall, indem Sie z. B. den (leider oft zu hörenden) Standpunkt vertreten, eine zeitaufwendige Vorbereitung könne man sich ersparen, da ein gezieltes Üben ohnehin nicht möglich sei. Dazu einige Tipps aus der Praxis.

Üben Sie das mündliche Abitur. Lernen und Einüben sind eine wichtige Vorbereitung, sie garantieren aber noch nicht ein erfolgreiches Abschneiden in der mündlichen Prüfung. Auch das Darstellungsvermögen ist ein wesentliches Kriterium für die Benotung Ihrer Leistung. Sie können diese Anforderung durch Fachgespräche mit Ihren Mitschülern oder durch die Teilnahme an Diskussionen trainieren. Halten Sie sich selbst, Ihren Eltern, Mitschülern und Mitschülerinnen kleine Vorträge, z. B. über die Entstehung des Föhns, das Zustandekommen des anthropogenen Treibhauseffektes oder die Triebkräfte und Auswirkungen der wirtschaftlichen Globalisierung. So stellen Sie nicht nur fest, ob Sie den Stoff wirklich verstanden haben, sie verbessern auch gleichzeitg Ihre rhetorischen Fertigkeiten. Wenn der Lehrer im Unterricht die Möglichkeit bietet, die Situation der mündlichen Prüfung zu üben, nutzen Sie die Gelegenheit. Bitten Sie ihn anderenfalls, im Kurs diese Möglichkeiten einzuräumen.

All dies hilft Ihnen am Prüfungstag alle Reserven Ihres Wissens und Könnens zu mobilisieren und „auf den Punkt" zu bringen, sodass Sie mit Zuversicht vor die Prüfungskommission treten können.

Wie ist die mündliche Abiturprüfung aufgebaut?
Wie läuft sie ab?

Informieren Sie sich rechtzeitig bei Ihrem Fachlehrer über den Ablauf und etwaige Modalitäten bei der mündlichen Prüfung. Das gibt Sicherheit, Ruhe und Gelassenheit. Sie vermeiden unliebsame Überraschungen und behalten besser den Überblick.

Die Vorgaben für die Prüfungszeit sind je nach Situation und Bundesland unterschiedlich. Im Durchschnitt beträgt sie 20 bis 30 Minuten. Etwa gleich lang ist die Vorbereitungzeit angesetzt. Die Prüfung selbst gliedert sich in zwei Teile: Im ersten Teil haben Sie selbstständig eine in der Vorbereitungszeit bearbeitete Aufgabe im zusammenhängenden Vortrag zu lösen. Im zweiten Teil werden dann in einem Prüfungsgespräch vor allem größere fachliche und ggf. fachübergreifende Zusammenhänge angesprochen. Diese Zweiteilung impliziert, dass nur der erste Teil schematisiert werden kann und dass Sie sich für diesen Part auch gezielter – stofflich und methodisch – vorbereiten können. Der zweite Teil verlangt mehr Spontaneität, die Fähigkeit auf Denkanstöße des Prüfers einzugehen und dessen Impulse fortzuführen. Diese grundlegenden Fähigkeiten sollten Sie im Unterricht hinlänglich geübt haben, sodass auch hier nichts Neues von Ihnen verlangt wird.

Ausgangspunkt für den ersten Prüfungsteil ist eine im Umfang begrenzte, schriftlich verfasste Aufgabe, die von der Interpretation eines konkreten Materials ausgeht. Dies kann eine thematische Karte sein oder eine Kombination von Karte und/oder Text, Tabelle, Diagramm, Bild. Ähnlich der Aufgabenstellung im schriftlichen Abitur wird sich die erste Arbeitsanweisung zunächst auf die Auswertung des vorgelegten Materials beziehen. Die Aufgabe könnte z. B. lauten: „Beschreiben Sie die demografische Entwicklung in Ägypten." (Anforderungsbereich I; Material: Diagramm zur Entwicklung der ländlichen und städtischen

Bevölkerung in Ägypten). Darauf aufbauend könnten in einer zweiten Aufgabe Besonderheiten der Bevölkerungsentwicklung (Sprünge, unterschiedliche Abläufe im ländlichen und städtischen Raum, rapide Zunahme der metropolitanen Bevölkerung in Kairo) verlangt werden. Möglicher Arbeitsauftrag: „Erläutern und begründen Sie die Bevölkerungsentwicklung; gehen Sie dabei auf regionale Unterschiede ein." (Anforderungsbereich II; Material: Daten zum natürlichen Bevölkerungswachstum – aufgeschlüsselt nach Stadt und Land, Kartogramm zu innerstaatlichen Migrationen). Da jedes Prüfungsthema so angelegt sein muss, dass bei seiner Bearbeitung 15 Punkte erreichbar sind, muss auch der dritte Anforderungsbereich mit einer Aufgabe abgedeckt werden. Die Aufgabe könnte lauten: „Nehmen Sie begründend Stellung zu der Behauptung: ‚Das alles entscheidende Entwicklungsproblem Ägyptens ist das rapide Bevölkerungswachstum.'" Da die Stellungnahme auf der Basis von im Unterricht behandelten Fallbeispielen erfolgt, z.B. Mali, Indien oder Bolivien, ist eine Materialvorgabe hier nicht nötig.

In den meisten Bundesländern gilt die Vorschrift, dass die mündliche Abiturprüfung sich nicht auf die Inhalte nur eines Kurshalbjahres beschränken darf, sondern mindestens zwei Kurshalbjahre der Qualifikationsphase abdecken muss. Deshalb wird der Prüfer im zweiten Teil, dem Prüfungsgespräch, Themen aus einem weiteren Kurshalbjahr ansprechen, wenn – wie im vorgestellten Beispiel Ägypten – das Thema sich auf den Stoff nur eines Kurshalbjahres beschränkt. Anknüpfend an das Beispiel Ägypten und hier insbesondere an das rapide Bevölkerungswachstum der Metropolregion Kairo könnte er z.B. den Themenbereich „Der weltweite Prozess der Verstädterung und Metropolisierung" aufgreifen. Mögliche Inhalte: Landflucht, Push- und Pullfaktoren, Informeller Sektor, Slumbildung, Marginalisierung großer Bevölkerungsschichten u.a.m. Besonders gefordert sind von Ihnen im zweiten Prüfungsteil das im Unterricht erlernte Vorwissen und Ihre Dialogfähigkeit.

Drei Schritte zum Erfolg im Vorbereitungsraum

In den Klausuren haben Sie bereits hinreichend geübt, wie Sie taktisch richtig bei der Bearbeitung der gestellten Aufgaben vorgehen. Diese Erfahrungen können Sie uneingeschränkt auch für die mündliche Prüfung verwenden. Folgende Arbeitsschritte sollten Sie verinnerlichen, damit Sie in Fleisch und Blut übergehen und Sie sich am Prüfungstag keine Gedanken mehr darüber machen müssen.

1. Schritt: Erfassen der Aufgabenstellung

Sie müssen die Aufgabe genau durchlesen und alle Komponenten beachten, um nicht Gefahr zu laufen am Thema vorbeizureden. Deswegen müssen Ihnen vor allem die Operatoren so geläufig sein, dass Sie ohne langes Überlegen gleich den richtigen Weg einschlagen.

2. Schritt: Materialien auswerten

Das Material ist nur unter dem in der Aufgabenstellung genannten Blickwinkel zu untersuchen, indem Sie lediglich diejenigen Informationen herausgreifen, auf die die Arbeitsanweisungen zielen.

3. Schritt: Notizen und Anmerkungen

Erst jetzt halten Sie die Ergebnisse Ihrer Auswertungen fest – jedoch formulieren Sie aus Zeitgründen keinen kompletten Text, sondern halten die wichtigsten Ergebnisse in Stichpunkten fest. Zudem helfen Ihnen auch Markierungen und Unterstreichungen, die Sie in den Materialien vornehmen können.

3.2 Elf Tipps zur Prüfung

1. Gehen Sie davon aus, dass die Prüfungskommission Ihnen grundsätzlich wohlwollend gesonnen ist; das beseitigt Ängste.

2. Scheuen Sie sich nicht Rückfragen zu stellen, wenn Sie eine Frage des Prüfers nicht verstanden haben.

3. Sprechen Sie langsam und mit Betonung.

4. Vermeiden Sie Prüfungsausreden, z.B.: „Das lag mir eben noch auf der Zunge."

5. Verwenden Sie Fachvokabular; ein an der richtigen Stelle eingesetzter Fachbegriff erspart umständliche, oft ungenaue Umschreibungen und zeigt Kompetenz.

6. Vermeiden Sie Übertreibungen; jeder nicht zu belegende Superlativ (z.B. „der weltweit größte Umweltskandal" oder „das ärmste Land der Welt") reizt zum Widerspruch.

7. Gehen Sie ohne abzuschweifen auf die Aufgabenstellung ein.

8. Trennen Sie deutlich zwischen einzelnen Teilen Ihrer Ausführungen, z.B.: "Soweit meine Ausführungen zur ersten Aufgabe, jetzt möchte ich mit dem zweiten Arbeitsauftrag beginnen."

9. Unterstützen Sie Ihre Ausführungen ggf. durch eine kleine „Tafelskizze"; damit ersparen Sie sich unter Umständen nicht nur lange verbale Erklärungen, Ihre Ausführungen werden auch transparenter.

10. Veranschaulichen Sie abstrakte Zahlen durch Vergleichswerte, z.B.: „Das entspricht der Einwohnerzahl von Rheinland-Pfalz"; damit unterstreichen Sie zusätzlich Ihr Wissen.

11. Begründen Sie Ihr Urteil mit rationalen Argumenten; emotionale überzeugen in der Regel nicht.

4 Mündliche Prüfungsbeispiele

4.1 Gentrifizierung

4.1.1 Aufgaben und Materialien

1 Kennzeichnen Sie, ausgehend von der Karikatur, den Begriff der Gentrifizierung.

2 Erläutern Sie den Prozess der Gentrifizierung in deutschen Großstädten.

3 Bewerten Sie Chancen und Risiken der Gentrifizierung.

1 „Eine interessante Neuentwicklung kleiner Apartments – 25 % bezahlbar, 75 % unbezahlbar."

Der letzte Lebensmittelmarkt am Rosenthaler Platz macht zu

„Die Welt liebt Berlin, und wenn sie vorbeikommt, dann checkt sie bevorzugt am Rosenthaler Platz ein. Die Gäste auf Zeit sind verzückt vom urbanen Flair am Platze mit all den Galerien, Fashion Stores und Coffee Shops.
Naska Rahal und Bianka Volkmann, beide 25, sind schon etwas länger da: Sie wohnen seit ihrer Kindheit in der Nähe des Rosenthaler Platzes. Seitdem kaufen sie die Dinge ihres täglichen Bedarfs im Mini-Markt an der Rosenthaler Straße 11. Volkmann hat mittlerweile selbst zwei Kinder und ist froh, dass es noch ein Geschäft im Kiez gibt, in dem sie ihre Besorgungen erledigen kann. Doch damit ist es nun vorbei: Am heutigen Samstag schließt der Mini-Markt.
Es ist ein kleines, aber exemplarisches Beispiel für den Wandel in der Mitte Berlins. Es ist der letzte Lebensmittelmarkt am Rosenthaler Platz, einem in allen Touristenführern gehypten Knotenpunkt zwischen Mitte und Prenzlauer Berg. Die Anwohner kämpften vergeblich um ein letztes Stück Nach-Wende-Berlin. ‚Hier gibt es bald nichts mehr für Leute, die hier wohnen', sagt Anwohnerin Gabriele Hoffmann. ‚Die Infrastruktur bediene nur noch Touristen', beklagt die 65-Jährige. ‚So macht man eine Stadt kaputt.'
Der Mietvertrag wurde fristgerecht gekündigt. Die Sprecherin der städtischen Wohnungsbaugesellschaft teilt mit, dass anschließend ein neues Mietverhältnis begründet werde. Der Marktpreis für die Gewerberäume an der Rosenthaler Straße 11 werde nach der Sanierung bei 40 bis 60 Euro pro Quadratmeter netto kalt liegen. Bisher waren es zehn Euro. ‚Klar, dass der Mini-Markt dann keine Chance mehr hat', urteilt der bisherige Inhaber. ‚Solche Mieten kann sich kein kleiner Laden leisten. Hier zieht sicher bald eine Galerie oder eine Boutique ein.' Resigniert stellt der Inhaber fest, dass es nun keinen Lebensmittelladen mehr in der Nähe gibt. ‚Eine Stammkundin von mir ist 92 Jahre alt. Als sie erfuhr, dass wir schließen, hat sie geweint.'"

Stefan Jacobs, Susanne Grautmann: www.tagesspiegel.de/berlin/gentrifizierung-an-der-kastanienallee-in-berlin-der-letzte-lebensmittelmarkt-am-rosenthaler-platz-macht-zu/9383084.html, 25.01.2014

2

4.1.2 Lösungshinweise

1 Kennzeichnen Sie, ausgehend von der Karikatur, den Begriff der Gentrifizierung.

Unter Gentrifizierung werden Entwicklungsprozesse in städtischen Räumen verstanden, bei denen alte Bausubstanz in attraktiven Wohnlagen saniert wird. Die durch diese Erneuerungsmaßnahmen steigenden Miet- oder Kaufpreise führen zu einer Dominanz einkommensstarker Haushalte, während bisher ansässige, weniger verdienende Bevölkerungsgruppen dadurch verdrängt werden.
Die Karikatur reißt viele Aspekte dieses Prozesses an: Ein offenbar älterer Wohnblock erhält eine Aufwertung durch „die interessante Neuentwicklung kleiner Apartments". Diese werden dann allerdings zu 75% von dem Normalverdiener – hier der Mann im Vordergrund – nicht mehr bezahlbar sein – was fast schon höhnisch auf dem Bauschild angekündigt wird. Der neue Zuschnitt mit schnuckeligen kleinen Apartments entspricht der Nachfrage von Singles oder Yuppies, die hier eine Stadtwohnung suchen, nicht aber der Nachfrage von Familien mit Kindern, die vielleicht traditionell in diesem Stadtgebiet lebten.

2 Erläutern Sie den Prozess der Gentrifizierung in deutschen Großstädten.

Gentrifizierungsprozesse laufen häufig nach typischen Mustern ab: Ein in die Jahre gekommener, durch Gewerbe geprägter Stadtteil zieht aufgrund der niedrigen Mietpreise Geringverdiener, Studierende und Künstler an. Diese werten oft in Eigenleistung in einem ersten Schritt die Stadtteile auf und setzen eine Aufwertung dieser innenstadtnahen Wohngebiete in Gang. Das Viertel gewinnt an Attraktivität.
Viele Studierende steigen in das Berufsleben ein, verdienen deutlich mehr Geld als die ansässigen Bewohner; manche Künstler etablieren sich und bringen weiter Kapital in die Stadtteile. Investoren sehen Chancen zur Wertsteigerung. Weitere Häuser und Wohnungen werden saniert und auf die sich ändernden Wohnansprüche angepasst. Immobilienunternehmen entdecken das Interesse und sanieren immer mehr Häuser luxuriös. Kneipen werden zu Szene-Clubs, kleine Geschäfte zu Boutiquen oder Galerien. Dadurch werden diese Stadtgebiete aufgewertet und die Mieten steigen.
Wohnungssuchende Geringverdiener oder Studienanfänger, die bislang die Bevölkerung des Viertels prägten, werden abgeschreckt. Für sie ist die Wohnlage zu teuer, sie suchen sich andere, günstigere Stadtviertel. Stattdessen siedelt sich eine neue, wohlhabendere Klientel an. Alteingesessene werden u. a. durch Mieterhöhungen langsam vertrieben. Dadurch wandeln sich mittelfristig auch die ursprüngliche Bevölkerungsstruktur sowie der Charakter der Stadtteile.

3 Bewerten Sie Chancen und Risiken der Gentrifizierung.

Dem Begriff der Gentrifizierung haftet von Vornherein etwas Negatives an. Die Ableitung aus dem Englischen (gentry = niederer Adel) assoziiert die Verdrängung einkommensschwacher Mieter durch einkommensstarke Haushalte, die häufig nach einem Eigentümerwechsel Erneuerungsmaßnahmen durchführen und dann erfolgreich auf Eigenbedarf hinausklagen oder durch horrende Mieterhöhungen zum Auszug zwingen.
Grundsätzlich muss man die Sanierung und Inwertsetzung von Altbauten zunächst loben: Mit der Erneuerung von Leitungen, der energetischen Modernisierung oder dem Einbau von Aufzügen wird alte Bausubstanz erhalten und für eine wieder zeitgemäße Nutzung bereitgestellt. Das Fehlen solcher Maßnahmen führt zu einem Herunterkommen ganzer Stadtviertel, was zum Verfall und auch zu einer sozialen Segregation führt (z. B. innerstädtische Slumbildung).
Das Problem der Gentrifizierung begründet sich in den Mietexplosionen, die den Sanierungen zeitnah folgen. Damit möchten vor allem private Investoren schnell ihre Renovierungskosten amortisieren und möglichst viel Gewinn generieren. Hier besteht auch das Risiko, dass Immobilienunternehmen ganze Wohnblocks aufkaufen, den Mietern kündigen, neue Luxusapartments schaffen und dann teuer verkaufen. Damit wird die Verdrängung einkommensschwacher Haushalte betrieben, für die – neben den negativen Begleiterscheinungen eines Umzugs mit dem Verlassen der vertrauten Umgebung – auch oft stärkere finanzielle Belastungen verbunden sind, da eine Neuanmietung an anderem Ort höhere Wohnkosten nach sich zieht. Das betrifft neben Familien mit Kindern vor allem alte Leute, die schon Jahrzehnte dort leben und sich nur schwer an eine neue Umgebung gewöhnen können.
So stehen den Chancen des höheren Wohnstandards, die durch Sanierungen ermöglicht werden, vor allem die Risiken der Verdrängung aus wirtschaftlichen Interessen gegenüber. Diese sollen auf Initiative der Bundesregierung durch Mieterschutz und Regelungen der Mieterhöhungen eingeschränkt werden.
Eine andere Möglichkeit zur Bekämpfung der Gentrifizierung bestände darin, dass sich der soziale Wohnungsbau und die öffentliche Hand stärker um die Sanierung entsprechender Wohnviertel bemühten, bei denen die schnelle Re-Finanzierung nicht höchste Priorität haben muss.

4.2 Mikrokredite

4.2.1 Aufgaben und Materialien

1 Beschreiben Sie das Prinzip der Mikrokredit-Finanzierung.
2 Erläutern Sie die Vorteile der Mikrokredite.
3 Nehmen Sie Stellung, ob die Finanzierung von Mikrokrediten effektiver ist als normale Spenden.

Die Idee der Mikrokredite

Muhammad Yunus lehrt Wirtschaft an einer Universität in Bangladesch. Als 1974 eine große Hungersnot über das Land hereinbrach und Tausende verhungerter Menschen auf den Straßen lagen, wollte Yunus konkret etwas gegen die Not unternehmen. Deshalb begab er sich in ein nahegelegenes Dorf, um vor Ort herauszufinden, was er für diese Leute tun könnte.
Yunus berichtet: „Ich traf dort eine Frau, die einen Bambusstuhl herstellte. Ich fragte sie, wieviel sie damit verdiene. Zuerst konnte ich es gar nicht glauben, wie arm diese Frau war, denn sie leistete wirklich gute Arbeit. Sie sagte mir, dass sie pro Tag nur einige Cents verdiente, weil sie kein eigenes Geld hatte, um Bambus zu kaufen. Sie musste sich beim Bambushändler Geld leihen. Dadurch war sie ihm ausgeliefert und musste jeden Preis akzeptieren. Praktisch war sie eine Sklavenarbeiterin. Das Bambusmaterial für eine Stuhl hätte nur 22 Cents gekostet, aber sie hatte es nicht. Ich war total geschockt, Während ich in meinen Vorlesungen von Millionen und Milliarden sprach, hatte diese Frau nicht einmal ein paar Pfennige, um ihr Bambusmaterial zu kaufen.
Ich ging dann durch ihr Dorf und machte eine Liste von Leuten, die auch Geld gebraucht haben. Auf meiner Listen standen schließlich 42 Namen. Diese 42 Leute benötigten zusammen nur 27 Dollar. Ich habe dann diese 27 Dollar den Leuten als Darlehen aus meiner eigenen Tasche geliehen. Die Menschen waren sehr glücklich darüber. Bis dahin wusste ich gar nicht, mit welch kleiner Summe man so vielen armen Menschen Glück und Wohlstand bringen kann. Daraufhin habe ich die Bank gefragt, ob diese Menschen keine Kredite bekommen könnten. Die Bank sagte nein. Die Armen seien nicht kreditwürdig. Ich wollte aber wissen, ob es nicht doch eine Möglichkeit gibt. Ich habe selber Geld bei der Bank geliehen, habe mich selber als Bürge angeboten und habe es den armen Leuten weitergeliehen. Und die haben es pünktlich zurückbezahlt. So also hat damals alles angefangen."

Nach Zeitschrift "Sonnenwind", Ausgabe 5, Saarbrücken: Verlag Neue Erde GmbH; www.tolzin.de/grameen.htm, Okt. 2014

1

Förderung von Mikrokrediten statt Spenden

1. Auf der Webseite www.kiva-deutschland.org stellen sich Kleinunternehmer aus ärmeren Ländern der Welt vor. Diese wollen ihr Geschäft ausbauen, benötigen dafür aber einen günstigen Kredit.
2. Sie suchen sich eine/n dieser Unternehmer/innen aus, die Sie gerne unterstützen möchten. Dann überweisen Sie mindestens 25 US-Dollar, die dann zu 100 % weitergegeben werden.
3. Wenn das Geschäft des Kleinunternehmers gedeiht, wird sie/er seinen Kredit zurückzahlen. Das wird er in kleinen Raten tun. Monat für Monat sehen Sie, wie Ihr Geld wieder eintrifft.
4. Nachdem Ihr Kredit zurückgezahlt wurde, können Sie das Geld wieder einsetzen. Wählen Sie ein weiteres erfolgversprechendes Projekt aus und stellen Sie nun diesem Ihren Kredit zur Verfügung.

Nach www.kiva-deutschland.org/de/, Okt. 2014

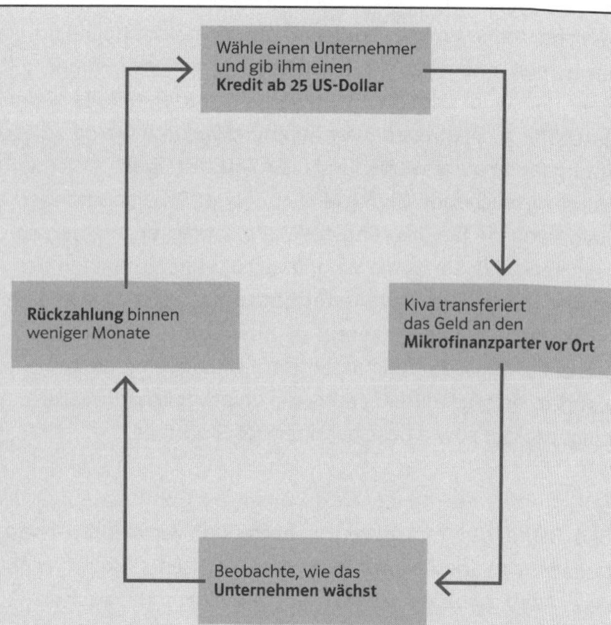

2

Funktionsweise von Kiva

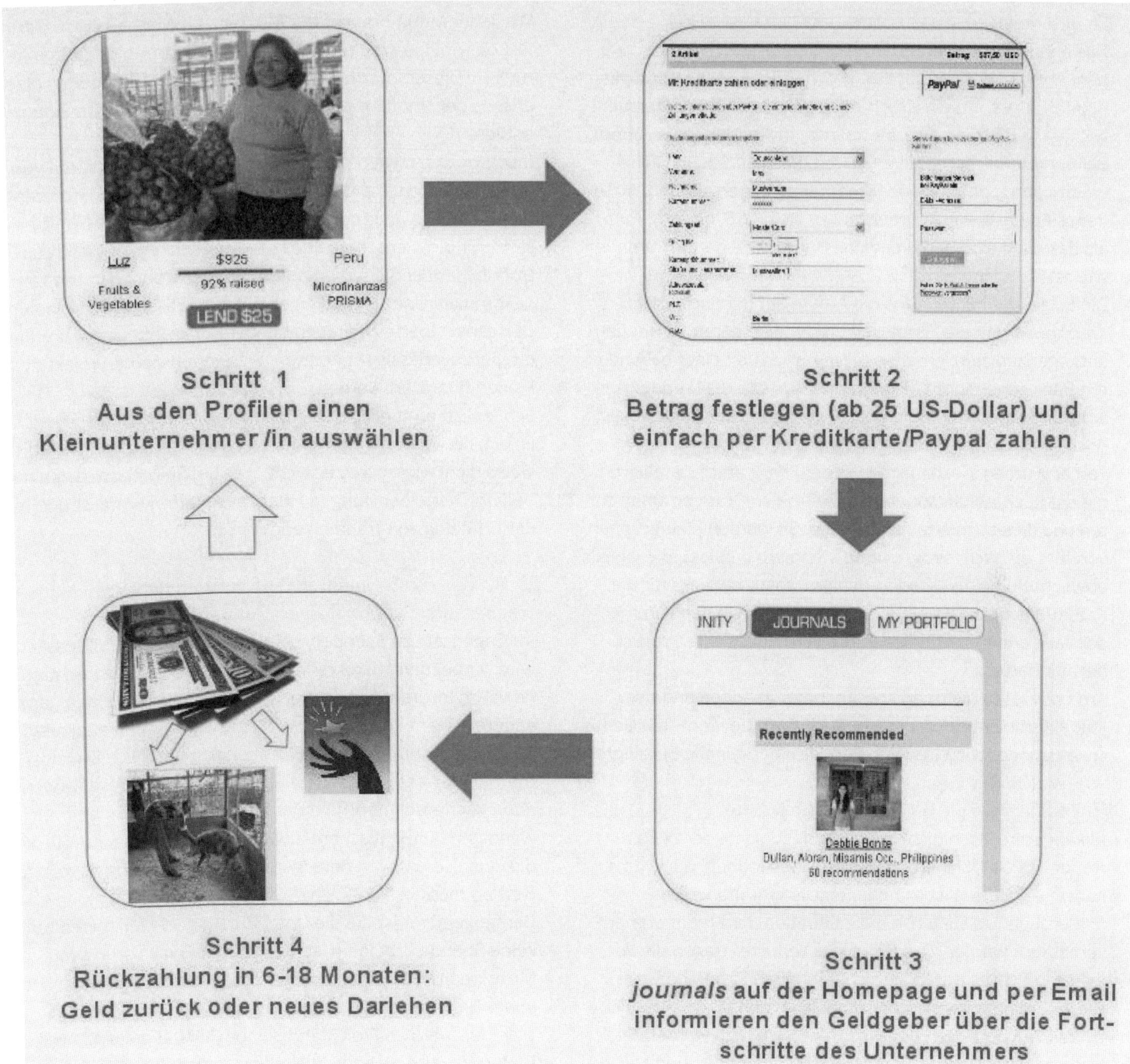

Nach a.a.O.

3

4.2.2 Lösungshinweise

1 Beschreiben Sie das Prinzip der Mikrokredit-Finanzierung.
Das Konzept der Mikrofinanzierungen lässt sich so beschreiben: Arme benötigen für ihre geschäftliche Selbstständigkeit Kapital, sei es, um ein Geschäft zu gründen oder weiterzuentwickeln (z.B. Kauf neuer Maschinen, Investition in Werbung). Bei herkömmlichen Banken gelten diese Armen als nicht kreditwürdig, da sie keine Sicherheiten bieten können. Außerdem sind die Kreditsummen viel zu klein (z.B. etwa 50 Euro), als dass sich eine herkömmliche Bank gerne darum kümmern würde.
Die Folge war häufig, dass die Armen auf der Suche nach Kreditgebern in die Fänge von Kredithaien gerieten. Um dem entgegenzutreten, erhalten diese Armen von einer besonderen Bank sogenannte Mikrokredite. Obwohl die Kreditzinsen aufgrund des hohen Aufwandes von Seiten der Bank relativ hoch sind, können dies die Unternehmer leisten.
Ferner wurden Mechanismen in dem Programm installiert, die die Rückzahlungsquote durch sozialen Druck erhöhen sollten und dies auch erfolgreich taten: So wurden Kleingruppen von fünf bis sechs Programmteilnehmern gebildet, die jeweils abwechselnd einen Kredit erhielten. Voraussetzung für die Kreditvergabe an ein Mitglied der Gruppe war dabei immer, dass alle anderen Mitglieder ihre Verbindlichkeiten zurückbezahlt hatten.
Am Ende ist dem armen Kreditnehmer geholfen und der Mikrokredit-Finanzierer macht auch noch Gewinn - ein Geschäftsmodell mit einer Win-Win-Situation für alle Beteiligten.

2 Erläutern Sie die Vorteile der Mikrokredite.
Mikrokredite lösen nicht die großen Probleme der Welt: Armut, Frieden, Sicherheit, Bildung, Gesundheit, Good Governance ... Insofern ist es unangemessen, umfangreiche Forderungen zu stellen, die die Situation der Kreditnehmer verbessern würden. Das Risiko des Verlustes tragen die Verleiher - und das lassen sie sich mit hohen Zinsen bezahlen. Diese sind aber immer noch ungleich niedriger im Vergleich zu den Wucherzinsen der Kredithaie. Natürlich würden Instrumente wie Mikrosparen, Mikroversicherungen und Mikrotransaktionen das Angebot sehr gut ergänzen, auch wäre die Vernetzung mit Programmen zur Beschäftigungsförderung von Kleinstproduzenten mit Abnehmern und Exporteuren sowie der Aufbau von Marktstrukturen sinnvoll - aber man kann nicht das Finanzsystem auf einmal und im Ganzen reformieren.
Deswegen sollte man Mikrokredite als das bewerten, was sie sind: Kleinkredite an Kleinstunternehmer ohne Sicherheiten. Und als solche fördern sie positive Entwicklung im Kleinen oder gleichen negative Auswirkungen fehlender Rahmenbedingungen wenigstens zum Teil aus. Darin liegt ihre große Stärke.
Wie jeder Markt braucht der Mikrokredit-Markt Infrastruktur wie öffentliche Kreditbüros, Kundenaufklärung und Regulierungen. Dieser informelle Finanzsektor schafft Arbeitsplätze abseits der Unterwelt mit Kredithaien und windigen Finanzanbietern.
Insofern ist ein weiterer positiver Effekt das Verhindern von Abhängigkeiten: Die Gefahr, auf der Suche nach Finanzierungsmöglichkeiten an Kredithaie zu geraten, war groß. Nun besteht für die Menschen eine faire Möglichkeit, einen Kredit trotz fehlender Sicherheiten mit akzeptablen Zinsraten zu bekommen. Und sie danken es mit zuverlässiger Rückzahlung. Übrigens haben sich Frauen bei der Rückzahlung der Kredite als viel zuverlässiger erwiesen, weswegen gerne Projekte von Frauen finanziert werden.
Schließlich ermöglichen die Mikrokredite wirtschaftlichen Erfolg, der vielen Armen bisher verwehrt blieb. Damit wird so vieles nicht Messbares erreicht, was bei Selbstbewusstsein beginnt, Verantwortung in Finanzgeschäften umfasst und mit der Erfüllung von Träumen endet.

3 Nehmen Sie Stellung, ob die Finanzierung von Mikrokrediten effektiver ist als normales Spenden.
Im Gegensatz zu Spenden, bei denen das Kapital überlassen wird, ist bei den Mikrokrediten das Kapital lediglich als Kredit gewährt. Insofern hat die Spende als Schenkung einen ganz anderen Charakter. Hierbei wird eine Geldsumme aus freien Stücken zum humanitären Einsatz einer Organisation anvertraut, ohne dass man in der Regel über die konkrete Verwendung Rechenschaft erhält. Das ist angesichts des dafür notwendigen bürokratischen Aufwandes auch nicht sinnvoll, da die Finanzierung von der eigentlichen Zuwendung abgezogen werden müsste.
Demgegenüber ist die die Unterstützung von Mikrokrediten keine Spende. Trotzdem ist die Idee der Finanzierung von Mikrokrediten ein interessantes Modell. Hier wird - zumindest in der Beschreibung - suggeriert, dass der Geldgeber entscheidet, welches Projekt mit seinem Kapital gefördert wird. Dadurch wird eine engere Bindung zu dem Projekt erreicht, eventuell sogar eine Identifikation. Dabei bleibt der Kapitalgeber natürlich auf die Informationen des Vermittlers angewiesen; ein direkter Kontakt zwischen Geldgeber und Kreditnehmer ist nicht vorgesehen. Auch kann man selbstverständlich nicht beurteilen, ob das Projekt tragfähig ist, nach welchen Kriterien die Projekte in die Auswahl aufgenommen werden oder ob das Geld tatsächlich ankommt (oder die Organisation mit dem Geld andere Dinge zwischenfinanziert).

4.3 Leipzig – Suche nach einem geeigneten Standort

4.3.1 Aufgaben und Materialien

1 Ein Elektronikbetrieb aus Dortmund, der elektronische Steuerelemente baut, die in der Energiesteuerung sowie dem Maschinen- und Automobilbau eingesetzt werden, hat sich für Leipzig entschieden, um seine geschäftlichen Beziehungen erweitern zu können. Dabei soll die Entscheidung für einen von drei in die engere Wahl genommenen Standorten in Leipzig fallen.
Erläutern Sie, warum der Elektronikbetrieb sich für Leipzig entschieden hat (Atlas).

2 Erörtern Sie Vor- und Nachteile der drei ausgewählten Standorte in Leipzig (M1 und M2).

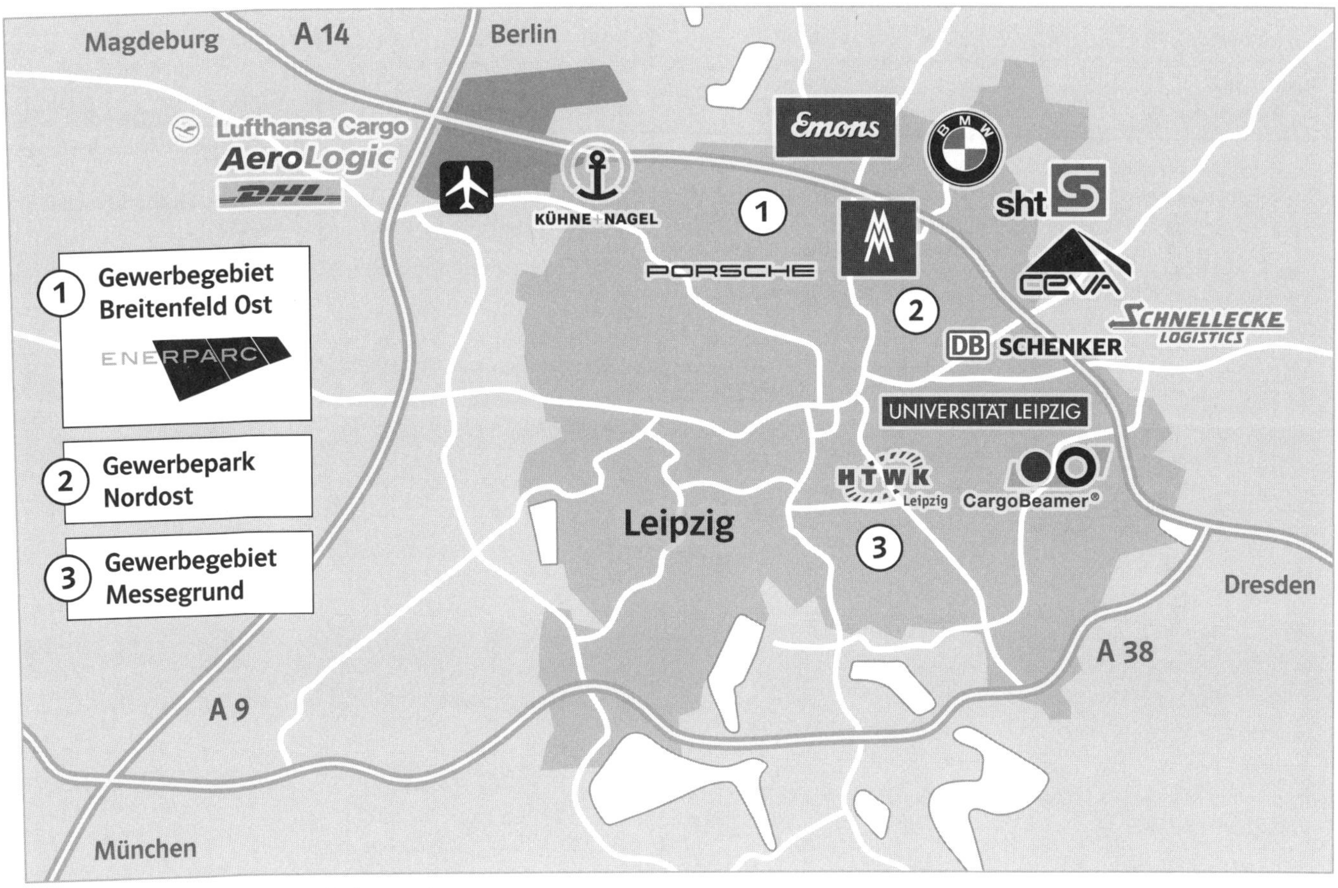

M1 Leipzig: ausgewählte Wirtschaftsstandorte

Leipzig: drei Wirtschaftsstandorte im Vergleich

	Gewerbepark Nordost	**Breitenfeld Ost**	**Messegrund**
Größe (brutto, in ha)	117	23,2	11,0
Parzellierung/Kosten Grundstück (in m²) Bodenrichtwert (in €)	 1 500–26 000 50,00	 bis 27 000 40,00	 bis 29 000 200,00
Erreichbarkeit	unmittelbare Nähe zur A14; wird durch den Individualverkehr direkt über die B87 erschlossen; mit öffentlichen Verkehrsmitteln (Straßenbahn, Bus und S-Bahn) bequem erreichbar	mit öffentlichen Verkehrsmitteln erreichbar (S-Bahn in 1 000 m; Straßenbahn in 600 m; Buslinie 87; Hauptverkehrsstraße in 1,5 km)	mit öffentlichen Verkehrsmitteln erreichbar (Buslinie 70; S-Bahn in 800 m; Straßenbahn Linie 16); angrenzend an B2
Entfernung vom Gewerbepark zum … (in km) Stadtzentrum Flughafen Autobahn	 5 25 2,5 (A14); 12 (A38)	 10 10 4 (A14)	 4,5 20 10 (A38)
Nutzung Ansiedlung von	 Produktion, Handwerk, Dienstleistung	 verarbeitendem Gewerbe	 verarbeitendem Gewerbe, industrienahen Dienstleistungen
bereits angesiedelt (u. a.)	Baustoffe, Verlag, Autozubehör, Elektrotechnik, versch. Dienstleister	Baugewerbe, Elektroanlagen, Holz- und Metallbau, Solarpark	Automobil-, Medienbranche, Großhandel

2

4.3.2 Lösungshinweise

1 Ein Elektronikbetrieb aus Dortmund, der elektronische Steuerelemente baut, die in der Energiesteuerung sowie dem Maschinen- und Automobilbau eingesetzt werden, hat sich für Leipzig entschieden, um seine geschäftlichen Beziehungen erweitern zu können. Dabei soll die Entscheidung für einen von drei in die engere Wahl genommenen Standorten in Leipzig fallen.
Erläutern Sie, warum der Elektronikbetrieb sich für Leipzig entschieden hat (Atlas).

Entscheidend für die Wahl eines Standorts sind die Standortfaktoren. Dabei spricht für die Stadt Leipzig, dass sie als Dienstleistungszentrum ausgewiesen wird. Dazu gehören das Vorhandensein von Banken, Versicherungs- und Consultingunternehmen, Bildungs- und Forschungseinrichtungen, Hochschulen und Universitäten sowie Medieneinrichtungen, Verwaltungen und Behörden. Darüber hinaus ist Leipzig für den Tourismus interessant.
Leipzig ist aber auch ein Industriestandort. Die Schwerpunkte liegen im Bereich Maschinen- und Fahrzeugbau, Bekleidung, Chemie und Kunststoffe, Zellulose / Papier, Druckereien / Verlage, Feinmechanik / Optik, Holzverarbeitung / Möbel sowie Elektrotechnik / Elektronik.
Unter den Aspekten der Verkehrsinfrastruktur und Lage liegt Leipzig geographisch betrachtet im Zentrum Europas, bezogen auf die Wirtschaftsräume kommt der Stadt jedoch nur eine Randlage im Osten der europäischen Region zu. Die verkehrsgünstige Lage ist dokumentiert durch die Anbindung an den internationalen Flughafen Halle-Leipzig und den Verkehrsknoten von Autobahnen und Bahnstrecken.
Damit sind wesentliche Standortkriterien für eine funktionierende Wirtschaft erfüllt.
Der Elektronikbetrieb hat sich für Leipzig entschieden, weil eine internationale Anbindung, insbesondere zu den neuen Märkten in Osteuropa gewährleistet ist. Dazu tragen der Flughafen und das sehr gut ausgebaute Straßen- und Schienennetz bei. Zudem besteht die Nähe zu Forschungseinrichtungen und die Möglichkeit zur Kooperation mit ähnlichen Firmen.

2 Erörtern Sie Vor- und Nachteile der drei ausgewählten Standorte in Leipzig (M1 und M2).

Von der Parzellierung her sind alle drei Standorte gleichwertig. Sie bieten Flächen bis zu maximal 29 000 m² an. Aus dem Vergleich der Standorte in Leipzig ergibt sich im Ausschlussverfahren als möglicher Standort der Gewerbepark Leipzig Nordost. Für diesen Standort sprechen vor allem die relative Citynähe und die Anbindung an die A14, was besonders für größere Gütermengen und einen möglichen Warenumschlag sehr günstig ist. Insgesamt ist die Erreichbarkeit als gut zu bezeichnen. Zudem ist bereits ein Branchenmix angesiedelt; darunter befinden sich auch mögliche Kooperationspartner.
Das Gewerbegebiet Breitenfeld Ost weist zwar einen um 10 €/m² niedrigeren Bodenwert als der Gewerbepark Nordost aus, dafür ist aber die Verkehrsanbindung – abgesehen von der Nähe zum Flughafen – etwas ungünstiger.
Das Gewerbegebiet Messegrund dürfte allein schon wegen des hohen Bodenwertes (200 €/m²) ausscheiden.
Sowohl im Gewerbepark Nordost als auch im Gewerbegebiet Breitenfeld Ost haben sich Firmen angesiedelt, die Konkurrenten sein könnten.
Kritisch anzumerken ist, dass das Material nur harte Standortfaktoren bedient. Bei der Entscheidungsfindung für die Ansiedlung des Betriebes dürften aber auch weiche Standortfaktoren noch eine gewichtige Rolle spielen. Dazu zählen insbesondere der Freizeitwert, der Wohnwert, die Innenstadtattraktivität, das Kulturangebot, die Unternehmerfreundlichkeit der Stadtverwaltung und das soziale Klima. Aber auch ein nicht unwichtiger harter Standortfaktor wird nicht einbezogen, nämlich Angaben zu Steuern, Abgaben, Subventionen oder anderen Vergünstigungen.

5 Sicher in den Begriffen

5.1 Übersicht

RAUMPRÄGENDE FAKTOREN UND PROZESSE – physisch

Atmosphärische Prozesse
Atmosphäre
Atmosphärisches Fenster
Ozonschicht
Absorption
Treibhauseffekt
Aerosole
Isobaren
Antizyklone / Hochdruckgebiet
Zyklone / Tiefdruckgebiet
Atmosphärische Zirkulation
Jetstream (Strahlstrom)
Passat
Innertropische Konvergenzzone (ITC)
Monsun
Corioliskraft

Geosphäre und Landschaft
Geofaktoren
Geoelemente
Ökologie
Biotop
Landschaft
Geoökosystem
Biosphäre

Böden
Boden
Bodentyp
Bodenart
Bodendegradation
Tonminerale
Sahelsyndrom

Geodynamische Prozesse
Schalenbau der Erde
Asthenosphäre
Lithosphäre
Plattentektonik
Konvektionsströme
Subduktionszone
Sea-floor-spreading
Seismik
Hotspot
Isostasie
Faltengebirge
Bruchtektonik

Zonale Gliederungen
Landschaftszone
Agrarregion
Ökozone

Globaler Wasserhaushalt
Hydrosphäre
Oberflächenwasser
Süßwasser

RAUMPRÄGENDE FAKTOREN UND PROZESSE – anthropogen

Bevölkerungsentwicklung
Demografie
Demografischer Übergang
Demografische Dividende
Generatives Verhalten
„Bevölkerungsexplosion"
Bevölkerungsverteilung
Bevölkerungsdichte
Akkulturation
Überbevölkerung
Malthusianismus

Bevölkerungspolitik
Bevölkerungspolitik
Familienplanung
Ein-Kind-Politik
Generationenvertrag
Alphabetisierungsrate
Geburtenkontrolle
Zensus
Konzept der reproduktiven Gesundheit
Integration

Altersstruktur
Altersstruktur
„Bevölkerungspyramide" (Bevölkerungsdiagramm, Altersstrukturdiagramm)
Fertilitätsrate
Sterberate (Sterbeziffer)
Geburtenrate (Geburtenziffer)
Säuglingssterblichkeitsrate
Kindersterblichkeitsrate
Lebenserwartung
Wachstumsrate
Natürliches Bevölkerungswachstum
Hunger

Migration – die Welt in Bewegung
Mobilität
Migration (Wanderung)
Armut, absolute
Binnenwanderung
Außenwanderung
Auslandsüberweisungen
Arbeitsmigrant
Brain drain
Brain gain
Flüchtling
Gastarbeiter

BEDEUTUNGSWANDEL VON RÄUMEN – Die Welt im Globalisierungsprozess

Globalisierungsprozess
Global Player
Global Village
Globalisierung
Joint Venture
Triade
Global Value Chain
Vulnerabilität
Shareholder-Politik
Marktwirtschaft
Zentralverwaltungswirtschaft (Planwirtschaft)
Transformation
Global Governance
Sonderwirtschaftszone
Rentenkapitalismus

„Eine Welt"
Entwicklungsland
„Dritte Welt"
LDC (Least Developed Countries)
NIC (Newly Industrializing Countries)
Schwellenland

Organisationen & Bündnisse
G7/G8
WTO (World Trade Organization)
OECD (Organization for Economic Cooperation and Development)
AKP-Staaten
Weltbank

Indikatoren
HDI (Human Development Index)
ADI (Ausländische Direktinvestition)
Handelsbilanz
BIP (Bruttoinlandsprodukt)
Bruttosozialprodukt (BSP), auch Bruttonationaleinkommen (BNE)
KKP (Kaufkraftparität), auch KKS (Kaufkraftstandards) oder ppp (purchasing power parity in US-Dollar)

Entwicklungstheorien, Entwicklungsstrategien, Entwicklungszusammenarbeit
Entwicklungszusammenarbeit
Dependenztheorie
Modernisierungstheorie
Grundbedürfnisstrategie
Autozentrierte Entwicklung
Abkoppelung (Dissoziation)
Sickereffekt (Trickle-Down-Effekt)
Nachhaltige Entwicklung (Sustainable Development)
Empowerment
Importsubstitution
Entwicklungspolitik

BEDEUTUNGSWANDEL VON RÄUMEN – Wirtschaftssektoren

Primärer Sektor
Primärer Sektor
Agrarwirtschaft
Landwirtschaft
Ackerbau
Agrobusiness (Agribusiness)
Food Crops
Cash Crops
Subsistenzwirtschaft
Plantagenwirtschaft / Plantage
Feedlot
Shifting cultivation (Wanderfeldbau)
Sonderkultur (Spezialkultur)
Bewässerungsverfahren
Regenfeldbau
Bewässerungsfeldbau
Fruchtwechselwirtschaft
Nomadismus

Wirtschaft im Wandel
Standortfaktoren
Outsourcing
Tertiärisierung
Produktionsfaktor
Fühlungsvorteil
Kondratieff
Virtuelles Unternehmen
Just in time
Infrastruktur
SWOT-Analyse (Stärken-Schwächen-Analyse)
Lean Production (schlanke Produktion)
Cluster

Sekundärer Sektor
Sekundärer Sektor
Industrie
Altindustriegebiet
Footloose Industrie
Grundstoffindustrie
Schwerindustrie
Investitionsgüterindustrie
Manufaktur
Produktlebenszyklus
Fordismus
Postfordismus

Teriärer Sektor
Tertiärer Sektor
Quartärer Sektor
Dienstleistung
Informationsgesellschaft
Tourismus
Massentourismus
Binnentourismus
Informeller Sektor
Verkehr

RESSOURCEN UND NACHHALTIGE ENTWICKLUNG

Rohstoffe und Ressourcen
Rohstoff
Lagerstätte
Ressourcen (im engeren Sinne)
Ressourcen (im umfassenden Sinne)
Reserven
Statische Reichweite / Lebensdauer
OPEC (Organisation Erdöl exportierender Länder)
Ölkrise
Fracking
Inkohlung
Ölsande
Seltene Erden
Ressourcenfluch
Peak Oil

Methoden
Stoffflussanalyse
Ökologischer Fußabdruck

Nachhaltige Raumnutzung
Nachhaltigkeit
Ökologischer Landbau
Ecofarming
Kreislaufwirtschaft
Subsistenzwirtschaft
Recycling
Agroforstwirtschaft
Tragfähigkeit
Gemeinsame Agrarpolitik (GAP)
Sustainable Agriculture
Agrarwende

Energie
Energie
Primärenergie
Sekundärenergie
Energieträger
Wirkungsgrad
Emissionshandel
Energiemix

Wasserverbrauch und Wasserkrise
Wasserpotenzial
Grundwasser
Aquifer
Wassermangel
Virtuelles Wasser
Wasserknappheit
Watershed-Ansatz

SIEDLUNGSENTWICKLUNG UND RAUMORDNUNG

Städtische Strukturen und Prozesse
Stadtbegriff
Kernstadt
CBD (Central Business District)
Downtown
City
Viertelbildung
Segregation
Gated community
Ghetto (oder Getto)
Suburbanisierung
Zentralität
Gentrifizierung / Gentrifikation
Mall
Stadtregion
Stadtumland / Umland

Verstädterung und Urbanisierung
Verstädterung
Urbanisierung
Global City
Metropole
Megacity
Kernstadt
Shrinking City
Megalopolis
Primatstadt
Verstädterte Zone
Verstädterungsgrad
Verstädterungsrate

Konzepte der Stadtentwicklung und Raumordnung
Charta von Athen
Gartenstadt
Daseinsgrundfunktion
Lokale Agenda 21
Zentraler Ort
Raumplanung
Entkernung
Disparitäten
Aktivraum
Passivraum

Stadtentwicklung und Stadttypen
Altstadt
New Town / Ville Nouvelle
Angloamerikanische Stadt
Historisch-genetische Stadttypen
Edge City
Lateinamerikanische Stadt
Islamisch-orientalische Stadt

5.1

Atmosphärische Prozesse

Atmosphäre:
Die aus einem Gemisch von Gasen bestehende Hülle eines Himmelskörpers; speziell die Lufthülle der Erde, untergliedert in Troposphäre, Stratosphäre, Thermosphäre, Exosphäre.

Atmosphärisches Fenster:
Bereiche des Strahlungsspektrums, in denen die Atmosphäre für solare Ein- bzw. terrestrische Ausstrahlung durchlässig ist.

Ozonschicht:
Teil der Stratosphäre, wo unter Einwirkung der energiereichen ultravioletten Strahlung der Sonne Sauerstoff (O_2) in Ozon (O_3) umgewandelt wird. Das dort vergleichsweise hoch konzentrierte Ozon absorbiert einen Teil der für das Leben auf der Erde in hoher Dosis gefährlichen UV-Strahlung, wobei das Ozon teilweise wieder in Sauerstoff zerlegt wird. Es entsteht ein dynamisches Ozon-Sauerstoff-Gleichgewicht.

Absorption:
Vorgang, bei dem die einfallende Sonnenstrahlung aufgenommen und in eine andere Energieform, z. B. Wärmeenergie, umgewandelt wird.

Treibhauseffekt:
Bezeichnung für den Einfluss der Erdatmosphäre auf den Strahlungs- und Wärmehaushalt der Erde; die von der Erdoberfläche abgegebene Wärmestrahlung kann nicht vollständig ins Weltall abgestrahlt werden, weil sie durch Wasserdampf und Kohlenstoffdioxid absorbiert und zur Erde zurückgestrahlt wird. Dadurch kommt es zu einer Erhöhung der Temperaturen auf der Erde.

Aerosole:
Winzige Schwebstoffteilchen in der Luft; sie spielen bei Strahlungsprozessen eine wichtige Rolle.

Isobaren:
Linien gleichen Luftdrucks. In der Wetterkarte beziehen sie sich immer auf Meereshöhe.

Antizyklone / Hochdruckgebiet:
Gebiet relativ hohen Luftdrucks. Man unterscheidet dynamisch und thermisch bedingte Hochdruckgebiete. Im ersten Fall führen Konvergenzen im Jetstream zu großräumigem Absinken von Luftmassen und zum Druckanstieg am Boden. Diese dynamisch bedingten Hochdruckgebiete werden auch als Antizyklonen bezeichnet. Thermisch bedingte Hochdruckgebiete bilden sich durch Kaltluftanreicherung bei negativer Strahlungsbilanz am Erdboden. Beständige Kältehochs findet man im Winter z. B. über Sibirien, Kanada und über der Antarktis.

Zyklone / Tiefdruckgebiet:
Gebiet relativ niedrigen Luftdrucks. Ein Tiefdruckgebiet kann thermisch oder dynamisch verursacht sein. Dynamische Tiefdruckgebiete sind mit Fronten verbunden und werden als Zyklonen bezeichnet. Sie entstehen durch komplizierte Vorgänge im Polarfront-Jetstream. Thermische Tiefdruckgebiete sind das Ergebnis starker Erwärmung, wobei Luft großräumig aufsteigt und in der Höhe entsprechend des Druckgefälles abströmt.

Geosphäre und Landschaft

Geofaktoren:
Die das Aussehen einer Landschaft bestimmenden natürlichen Gegebenheiten (z. B. Relief, Klima, Vegetation), i. w. S. auch vom Menschen geschaffene Gegebenheiten (z. B. Siedlungen, Verkehrswege).

Geoelemente:
Im Modell des Geoökosystems Bestandteil der Geofaktoren, z. B. Niederschlag, Temperatur, Gesteinsart, Bodentyp, Hangneigung, ph-Wert, Verdunstung, Populationsdichte.

Ökologie:
Wissenschaft, die sich mit den Wechselbeziehungen von Organismen untereinander, zu ihrer Umwelt und deren Geofaktoren beschäftigt.

Biotop:
Lebensraum bzw. Standort von Pflanzen und / oder Tieren mit einheitlichen Lebensbedingungen.

Landschaft:
Teil der Erdoberfläche; wird auch für einen Kultur- und Naturraum verwendet wie z. B. Harz, Solling, Hildesheimer Börde.

Geoökosystem:
Das aus dem Zusammenwirken der Geofaktoren sich ergebende System.

Biosphäre:
Der von lebenden Organismen besiedelte Bereich der Erde; er umfasst den belebten Teil der Erdkruste, der terrestrischen Gewässer und der Ozeane sowie die untere Schicht der Atmosphäre.

Böden

Boden:
Das an der Erdoberfläche mit Luft, Wasser und Lebewesen durchsetzte Umwandlungsprodukt aus mineralischen und organischen Substanzen, das in der Lage ist, höheren Pflanzen als Standort zu dienen.

Bodentyp:
Böden mit ähnlichem oder gleichem Entwicklungsstand und damit gleichem Bodenprofil, d. h. gleicher Ausprägung der einzelnen Bodenhorizonte, werden zu einem Bodentyp zusammengefasst; z. B. Podsol, Schwarzerde, Latosol.

Bodenart:
Bezeichnung bzw. Klassifizierung der Böden nach den Bestandteilen unterschiedlicher Korngröße, z. B. Sand-, Schluff- und Tonböden.

Bodendegradation:
Verschlechterung der Bodenqualität durch natürliche Einflüsse und / oder menschliche Eingriffe, z. B. durch Erosion, Auswaschung von Nährstoffen oder durch zu intensive Nutzung.

Tonminerale:
Schichtsilikate mit großen spezifischen Oberflächen. Sie besitzen die Fähigkeit, H_2O-Moleküle und Ionen (Nährstoffe) zu binden und an die Pflanzenwurzeln abzugeben; deshalb sind sie für die Bodenfruchtbarkeit sehr wichtig.

Sahelsyndrom:
Bezeichnung für komplexe Degradationserscheinungen in Regionen, wo wegen der natürlichen Umweltbedingungen (z. B. Boden, Klima) nur eingeschränkte landwirtschaftliche Nutzung möglich ist. Typische Erscheinungsformen sind Bodendegradation, Desertifikation und Veränderung des Klimas.

RAUMPRÄGENDE FAKTOREN UND PROZESSE – physisch

Atmosphärische Zirkulation:
Weltweites System von Winden, die durch die unterschiedliche Sonneneinstrahlung und das thermische Verhalten von Land und Meer in den einzelnen Klimagürteln der Erde hervorgerufen werden.

Jetstream (Strahlstrom):
Starke, bandartige Westwindströmung im Bereich der oberen Troposphäre bzw. unteren Stratosphäre.

Passat:
bodennahe Winde (Nordost- und Südostpassat), die aus den subtropischen Hochdruckgürteln zur äquatorialen Tiefdruckrinne wehen (Passatzirkulation). Teil der atmosphärischen Zirkulation zwischen 35° N und 30° S im Jahresmittel.

Innertropische Konvergenzzone (ITC):
Bereich der äquatorialen Tiefdruckrinne, in dem die Passate der Nord- und Südhalbkugel der Erde aufeinandertreffen und aufsteigen (= Konvektion, Quellbewölkung). Die ITC verlagert sich jahreszeitlich mit dem Sonnenstand.

Monsun:
großräumiges Luftzirkulationssystem der unteren Troposphäre in den Tropen und Subtropen, insbesondere in Süd- und Südostasien. Halbjährlicher Richtungswechsel der Winde, verursacht durch die jahreszeitliche Verschiebung der Windsysteme und den jahreszeitlichen Wechsel der Luftdruckverhältnisse.

Corioliskraft:
Trägheitskraft (Scheinkraft), die bei der Bewegung auf rotierende Körper wirkt; sie verursacht z. B. infolge der Erdrotation die Ablenkung der Winde auf der Nordhalbkugel nach rechts und auf der Südhalbkugel nach links.

Zonale Gliederungen

Landschaftszone:
Großlandschaft mit einer typischen breitenkreisparallelen Ausprägung bei Klima (Klimazone), Vegetation (Vegetationszone) und z. T. auch bei Böden, die sie von anderen Großlandschaften unterscheidet; z. B. Zone der immerfeuchten Tropen; wird auch synonym zum Begriff Landschaftsgürtel gebraucht.

Agrarregion:
oberste räumliche Kategorie eines durch gemeinsame agrarwirtschaftliche Merkmale abgegrenzten Erdraumes. Die Abgrenzung erfolgt auf der Grundlage einer Vielzahl von Einzelfaktoren, die sich zu vier Großgruppen zusammenfassen lassen: Naturfaktoren, ökonomische Faktoren, individuelle-soziale sowie politische Faktoren.

Ökozone:
Relativ junger Begriff (Synonyme: Landschaftsgürtel, Landschaftszone, Geozone, Natürliche Zone, Geographische Zone), der einen großen Erdraum bezeichnet, der sich durch wesentliche Merkmale von angrenzenden Räumen unterscheiden lässt. Wichtigstes Merkmal einer solchen Differenzierung ist das Klima.

Globaler Wasserhaushalt

Hydrosphäre:
Der von Wasser erfüllte Teil der Geosphäre; er umfasst die Weltmeere, Flüsse, Seen, das Grundwasser sowie die ständig von Schnee und Eis bedeckten Bereiche; auch als „Kryosphäre" bezeichnet.

Oberflächenwasser:
Wasser, das sich offen und ungebunden auf der Erdoberfläche befindet; dazu zählen Gewässer wie Flüsse und Seen und noch nicht versickertes Niederschlagswasser.

Süßwasser:
Teil des auf der Erde frei verfügbaren Wassers, in dem keine oder nur in geringem Maße Salze gelöst sind.

Geodynamische Prozesse

Schalenbau der Erde:
Innerer Aufbau des Erdkörpers aus konzentrisch angeordneten Schalen verschiedener Beschaffenheit.

Asthenosphäre:
Schale des oberen Erdmantels, die sich an die Lithosphäre anschließt. Sie gilt als Gleitzone (auch Fließzone), auf der sich die starren Platten der Lithosphäre bewegen. Sie befindet sich in Tiefen zwischen 100 und 250 km und enthält geringe Schmelzanteile.

Lithosphäre:
Äußere, feste Gesteinshülle der Erde. Dazu gehören die kontinentale und ozeanische Kruste und der obere Mantel bis zur Asthenosphäre.

Plattentektonik:
Tektonisches Konzept der Erde (Bau und Bewegungen der Erdkruste betreffend), das von der Existenz großer und kleiner Platten (der Lithosphäre) ausgeht, die sich auf der Asthenosphäre unabhängig voneinander bewegen.

Konvektionsströme:
Plastische Bewegungen von Gesteinen im Erdmantel, die durch Temperaturunterschiede ausgelöst werden. Sie bilden mit ihren aufsteigenden und absteigenden Ästen einzelne Konvektionszellen.

Subduktionszone:
Konvergierende Plattengrenze, an der eine Platte (meist mit ozeanischer Kruste) in den oberen Erdmantel abtaucht; im Ergebnis der Subduktion entstehen Tiefseerinnen.

Sea-floor-spreading:
Vorgang des Auseinanderdriftens von Platten an mittelozeanischen Rücken. Dabei kommt es zur Neubildung ozeanischer Kruste.

Seismik:
Natürliche Erschütterungen der Erdoberfläche durch Erdbeben; die Wissenschaft von der Entstehung, Ausbreitung und den Auswirkungen von Erdbeben heißt Seismologie.

Hotspot:
Ein ortsfester Aufschmelzungspunkt im Erdmantel unterhalb der Lithosphäre; bewirkt an der Erdoberfläche häufig Vulkanismus.

Isostasie:
Hydrostatisches Gleichgewicht von Krustenschollen unterschiedlicher Dichte und Mächtigkeit.

Faltengebirge:
Gebirgstyp, der durch tektonische Faltung, Hebung von Gesteinen und Überschiebung von Krustenteilen – vornehmlich im Tertiär – entstanden ist (z. B. Alpen).

Bruchtektonik:
Bezeichnung für Gebirgsbildungsprozesse, die durch die Bewegung relativ kleinräumiger Schollen bestimmt sind.

Bevölkerungsentwicklung

Demografie:
Der Begriff umfasst alle Prozesse, die mit Bevölkerung zu tun haben; Bevölkerungswachstum, Altersstruktur einer Bevölkerung, Bevölkerungsverteilung, Wanderungsbewegungen u. a. m.

Demografischer Übergang:
Modellvorstellung der Veränderung einer Bevölkerung von der vorindustriellen Phase mit hohen Geburten- und Sterberaten über die industrielle Phase mit sinkenden Geburtenraten und leicht abnehmenden Sterberaten zur spätindustriellen Phase mit niedrigen Geburten- und Sterberaten; Darstellung in vier- oder fünfphasigen Modellen.

Demografische Dividende:
Demografisches Phänomen im Zusammenhang der Verschiebung der Altersstruktur von Staaten hin zu einem hohen Anteil an Einwohnern im erwerbsfähigen Alter. Diese können davon insofern profitieren, als die Kosten für die wirtschaftlich abhängigen Altersgruppen sinken. Es können höhere Wachstumsraten erreicht werden, wenn die Erwerbstätigen Ersparnisse bilden, die als Investitionen produktiv im eigenen Land angelegt werden.

Generatives Verhalten:
Durch das Zusammenspiel verschiedener Faktoren (z. B. Lebensbedingungen, religiöse Wertvorstellungen, Alter der Frauen bei ihrer Heirat und Geburt ihrer Kinder, Familienplanung durch Empfängnisverhütung usw.) bedingtes Verhalten, das die durchschnittliche Zahl der Kinder je Frau beeinflusst; bestimmt durch die Wechselwirkung sozialer und ökonomischer Einflüsse.

„Bevölkerungsexplosion“:
Extrem beschleunigtes Bevölkerungswachstum mit jährlichen Wachstumsraten von mehr als 20 ‰. Typisch für einige Entwicklungsländer und dort besonders für die Metropolen und großen Städte.

Bevölkerungsverteilung:
Verteilung der Gesamtbevölkerung eines bestimmten Raumes auf verschiedene Teilräume; die durchschnittliche Bevölkerungsverteilung wird durch die Bevölkerungsdichte (Ew./km²) ausgedrückt.

Bevölkerungsdichte:
Mittlere Einwohnerzahl pro Fläche für ein bestimmtes Territorium, in der Regel angegeben in Ew./km².

Akkulturation:
Anpassung an eine andere Kultur, z. B. nach der Auswanderung in einen anderen Kulturkreis.

Überbevölkerung:
Zu hohe Bevölkerungszahl in einer Raumeinheit (nach Überschreiten der Tragfähigkeit); teilweise an permanenter Unterernährung der Bevölkerung und häufig an wiederkehrenden Hungersnöten ablesbar, sonst quantitativ kaum fassbar.

Malthusianismus:
Von Thomas Robert Malthus 1798 begründete Auffassung, dass geradezu gesetzmäßig das Bevölkerungswachstum deutlich schneller vonstattengeht als die Zunahme der Nahrungsmittelproduktion; die Nahrungsmittelproduktion wächst nach Malthus in arithmetischer Reihe (1, 2, 3, 4, …), die Bevölkerungszahl aber in geometrischer Reihe (1, 2, 4, 8, …).

RAUMPRÄGENDE … UND PROZESSE

Bevölkerungspolitik

Bevölkerungspolitik:
Summe staatlicher Maßnahmen mit dem Ziel, auf die Bevölkerungsentwicklung Einfluss zu nehmen. Ethisch und moralisch akzeptabel ist Bevölkerungspolitik, wenn sie von der gegenseitigen Anerkennung der Menschen als Wesen gleicher Würde ausgeht. Ziel ist, menschliches Leid und Ungerechtigkeit zu mindern sowie Freiheit, Gerechtigkeit und Handlungsoptionen zu vergrößern.

Familienplanung:
Steuerung von Zeitpunkt und Zahl der Geburten in einer Familie; sie kann direkt von den Familien betrieben oder vom Staat gesteuert werden, z. B. durch indirekte Maßnahmen in Form von Verboten oder durch Unterstützungen.

Ein-Kind-Politik:
Seit 1979 staatlich vorgeschriebene Begrenzung der Kinderzahl eines Ehepaares auf ein Kind in China. Ziel: Stopp der „Bevölkerungsexplosion“.

Generationenvertrag:
Politische Bezeichnung für das Grundprinzip der gesetzlichen Rentenversicherung in Deutschland, dem zufolge immer der derzeitig (i. d. R. nicht selbstständig) arbeitende Teil der Bevölkerung für die Rentenzahlungen an den nicht mehr arbeitenden Teil aufkommt, d. h., die im Laufe eines Erwerbslebens gezahlten Rentenbeiträge summieren sich nicht zu einem Kapitalstock, von dem die spätere Rente bezahlt wird. Vielmehr wird durch die gezahlten Rentenbeiträge lediglich eine Anwartschaft auf Rentenzahlung erworben.

Alphabetisierungsrate:
Anteil der Erwachsenen über 15 Jahre, die einen kurzen, einfachen Text ihres alltäglichen Lebens schreiben, lesen und verstehen können.

Geburtenkontrolle:
Maßnahmen zur Steuerung von Zahl und Zeitpunkt der Geburten.

Zensus:
Volkszählung; findet in größeren Abständen (10 – 20 Jahre) in fast allen Staaten statt.

Konzept der reproduktiven Gesundheit:
Seit der Weltbevölkerungskonferenz in Kairo 1994 wird Bevölkerungspolitik nicht mehr als ein Instrument zur „Geburtenkontrolle von oben“ verstanden. Für Eltern, die sich ein Kind wünschen, bedeutet reproduktive Gesundheit die Fähigkeit zur Fortpflanzung zu haben, aber auch die freie Entscheidung darüber treffen zu können, ob, wann und wie viele Kinder man sich wünscht.

Integration:
politisch-soziologische Bezeichnung für die gesellschaftliche und politische Eingliederung von Personen oder Bevölkerungsgruppen, die sich z. B. durch ihre ethnische Zugehörigkeit, Religion, Sprache usw. unterscheiden.

Altersstruktur

Altersstruktur:
Altersmäßige Zusammensetzung der Bevölkerung eines bestimmten Raumes; sie wird meist in Fünfjahresabständen nach Männern und Frauen getrennt dargestellt; die übliche Darstellungsform ist die sogenannte Alters- oder „Bevölkerungspyramide".

„Bevölkerungspyramide" (Bevölkerungsdiagramm, Altersstrukturdiagramm):
Grafische Darstellung der Bevölkerung eines Raumes nach Alter und Geschlecht; der Begriff Pyramide ist insofern irreführend, als die meisten Länder heute keine Pyramidenform aufweisen, sondern, je nachdem ob sie wächst, stagniert oder schrumpft, auch eine Glocken- oder Urnenform.

Fertilitätsrate:
Demografische Kennziffer, die die Zahl der Lebendgeborenen in einem Jahr, bezogen auf 1000 Frauen im gebärfähigen Alter (15–45 Jahre) angibt.

Sterberate (Sterbeziffer):
Zahl der Sterbefälle pro 1000 Einwohner während eines bestimmten Zeitraumes, meist eines Jahres.

Geburtenrate (Geburtenziffer):
Zahl der Geburten pro 1000 Einwohner während eines bestimmten Zeitraumes, meist eines Jahres.

Säuglingssterblichkeitsrate:
Anteil der Säuglinge, die pro 1000 Lebendgeburten bis zum 1. Lebensjahr sterben.

Kindersterblichkeitsrate:
Anteil der Kinder bezogen auf 1000 Lebendgeburten bis zum Ende des 5. Lebensjahres sterben.

Lebenserwartung:
Statistisch ermittelte durchschnittliche Anzahl von Lebensjahren der Bevölkerung in einem Raum.

Wachstumsrate:
In der Demografie jährlicher Geburtenüberschuss plus Wanderungsgewinne, bezogen auf 1000 Einwohner.

Natürliches Bevölkerungswachstum:
Absolute Zahlenangabe, die sich als Differenz der Geburten- und der Sterbefälle in einem Jahr ergibt; überwiegen die Geburten, ergibt sich ein Geburtenüberschuss, im anderen Fall wird von einem Geburtendefizit gesprochen.

Hunger:
Quantitativer Begriff: Hunger tritt ein, wenn die tägliche Energiezufuhr für einen längeren Zeitraum unter dem Bedarf liegt, der für einen gesunden Körper und ein aktives Leben benötigt wird. Als Schwellenwert gelten 1800 Kilokalorien pro Tag. Entscheidend ist aber nicht nur die ausreichende Energiezufuhr, sondern auch eine ausgewogene Ernährung.

…KTOREN
…thropogen

Migration – die Welt in Bewegung

Mobilität:
Die Fähigkeit und Bereitschaft des Menschen zu Veränderungen, insbesondere des Wohnstandortes. Man unterscheidet zwischen räumlicher Mobilität (Binnen-, Ein- und Auswanderungen) und sozialer Mobilität (sozialer Auf- und Abstieg).

Migration (Wanderung):
Nach der amtlichen deutschen Statistik jeder Wechsel des Wohnsitzes, bei dem die Gemeindegrenze überschritten wird; zu unterscheiden sind Binnenwanderung und Außenwanderung; im weiteren Sinne Wanderbewegungen größerer Bevölkerungsgruppen, ausgelöst z. B. durch Krieg und existenzielle Not.

Armut, absolute:
Bedürftigkeit, die die physische Existenz gefährdet, da die Grundbedürfnisse nicht mehr befriedigt werden können; sie ist nicht nur vom Einkommen, sondern auch vom Infrastrukturzugang abhängig; als Indikator gilt oft die Verfügbarkeit von 1 US-$ pro Tag für den Lebensunterhalt.

Binnenwanderung:
Bevölkerungsbewegung innerhalb eines Staates, bei der aber die Gemeindegrenzen überschritten werden.

Außenwanderung:
Wohnsitzwechsel über die Staatsgrenze hinweg.

Auslandsüberweisungen:
Geldüberweisungen von Migranten in ihre Heimat; positiver Effekt für die Quellenländer.

Arbeitsmigrant:
Arbeitnehmer, der zur Aufnahme seiner beruflichen Tätigkeit saisonal oder auf Dauer das Heimatgebiet verlässt und in ein Gebiet mit einem größeren Arbeitsplatzangebot wandert wie z. B. zahlreiche Polen ins Ruhrgebiet zur Zeit der Industriellen Revolution.

Brain drain:
Abwanderung von Fach- und Führungskräften, z. B. Wissenschaftlern und Ingenieuren, vor allem aus Entwicklungsländern in Industrieländer; Resultat des Braindrain ist ein für die Entwicklungsländer negativer Wissens- und Technologietransfer.

Brain gain:
Volkswirtschaftlicher Gewinn durch die Zuwanderung der „Intelligenz" (Akademiker und gut ausgebildete Facharbeiter).

Flüchtling:
Mensch, der unfreiwillig oder unter Druck infolge von Naturkatastrophen, wirtschaftlicher Not, Verfolgung aus politischen bzw. weltanschaulichen Gründen oder Krieg gezwungen wurde, seine Heimat zu verlassen.

Gastarbeiter:
Anwerbung ausländischer Arbeitskräfte (vorwiegend aus Südeuropa) in den 1950er-Jahren aufgrund von Arbeitskräftemangel. Die meisten „Gastarbeiter" wollten ursprünglich nur ein paar Jahre bleiben und dann in ihre Heimat zurückkehren. Für viele Arbeitnehmer wurde aus dem vorübergehenden ein dauerhafter Aufenthalt bis hin zur Annahme der deutschen Staatsbürgerschaft.

Globalisierungsprozess

Global Player:
multinationaler Konzern (MnU / Multi), transnationaler Konzern (TNC); Unternehmen, die am „weltweiten Spiel" teilhaben, indem sie an verschiedenen Standorten in mehreren Ländern entwickeln, produzieren und vermarkten; Ausrichtung der Unternehmenspolitik nach den Vor- und Nachteilen der Länder (z. B. Lohn- und Steuerniveau, Umweltvorschriften, Zugang zu den Märkten).

Global Village:
Vorstellung, dass durch die moderne Kommunikationstechnologie die Welt an räumlicher Distanz verloren hat und dass die ökonomische Globalisierung weltweite Vereinheitlichungstendenzen der Zivilisation schafft.

Globalisierung:
Seit Ende des 20. Jahrhunderts besonders dynamisch ablaufender Prozess, in dem Produktion, Handel mit Gütern und Dienstleistungen, Kapital, Kommunikation und Technologie über nationale Grenzen hinweg zu einem „Weltbinnenmarkt" zusammenwachsen.

Joint Venture:
Zusammenschluss von selbstständigen Unternehmen (häufig aus verschiedenen Staaten) zum Zweck der Durchführung gemeinsamer Projekte, die von einem Unternehmen allein in der Regel nicht realisiert werden können; charakteristisch für ein Joint Venture ist, dass die an der Kooperation beteiligten Partner in das Unternehmen einbringen, was ihnen in besonderer Weise zur Verfügung steht, z. B. Kapital, Know-how, preiswerte Infrastruktur oder Arbeitskräfte; ein Ziel ist es, den Zugang zu sonst geschlossenen Märkten zu erhalten.

Triade:
Bezeichnung für die drei Großregionen Nordamerika, Europa und Asien-Pazifik, die mit einem Anteil von ca. 75 % den Welthandel dominieren.

Global Value Chain:
Analyse der Einbindung der Entwicklungsländer in die globalen Wertschöpfungsketten und globale Produktionsnetzwerke mit dem Ziel, für sie dort einen Platz auszumachen und Rahmenbedingungen für eine Teilhabe an einem fairen, liberalen Welthandel zu schaffen. Sie sollen sich entweder von der finanziell fatalen Einseitigkeit der Agrar- und Rohstoffexporte lösen können oder zumindest in diesen Bereichen wirtschaftlich besser abschneiden. Ein Beispiel hierfür liefern die „Fair-Trade"-Projekte.

Vulnerabilität:
Grad der Gefährdung durch existenzbedrohende Ereignisse sowie das Fehlen von Reaktionsmöglichkeiten zur Folgeneindämmung.

Shareholder-Politik:
(Engl.: shareholder = Aktionär), Unternehmensstrategie, die auf die Vermehrung des Aktienwertes eines Unternehmens zielt, um den gewinnorientierten Aktionären eine angemessene Rendite zu verschaffen.

BEDEUTUNGSWAND
– Die Welt im Glo

„Eine Welt"

Entwicklungsland:
Im Vergleich zum Industrieland weniger hoch entwickeltes Land mit Rückständen in humaner und ökonomischer Entwicklung, mit hoher Agrarquote und z. T. überbesetztem Tertiären Sektor sowie Mängel in der Infrastruktur. Der Anteil am globalen Ressourcenverbrauch und an global wirksamen Emissionen ist dagegen gering.

„Dritte Welt":
Ursprünglich die Gruppe der „blockfreien Staaten" – in Unterscheidung zur „Ersten Welt", d. h. den westlichen Industrieländern mit Marktwirtschaft und der „Zweiten Welt", d. h. den ehemals sozialistischen Ländern mit zentral gelenkter Planwirtschaft; heute wird der Begriff „Dritte Welt" vielfach synonym für „Entwicklungsländer" genutzt.

LDC (Least Developed Countries):
Von den UN geführte Liste der Gruppe der „am wenigsten entwickelten Länder", die besondere Konditionen, z. B. bei der Vergabe von Hilfeleistungen, erhalten.

NIC (Newly Industrializing Countries):
Staaten, die durch eine dynamische Wirtschaftsentwicklung Anschluss an die Industrieländer gefunden haben und heute auf vielen Feldern mit diesen kooperieren, aber auch konkurrieren können, z. B. die vier „Kleinen Tiger" Hongkong, Singapur, Taiwan, Südkorea.

Schwellenland:
Fortgeschrittenes Entwicklungsland mit höherem Industrieanteil am BIP und geringer Agrarquote; die soziale Entwicklung kann z. T. mit der ökonomischen nicht mithalten.

Organisationen & Bündnisse

G7/G8:
Gruppe der wichtigsten Industriestaaten Deutschland, Frankreich, Großbritannien, Italien, Japan, Kanada und USA sowie Russland. Ihre Staats- und Regierungschefs treffen sich jährlich zum Weltwirtschaftsgipfel; Thema war zunächst die währungspolitische Zusammenarbeit, ab den 1980er-Jahren zunehmend die internationale Zusammenarbeit in der Umwelt-, Sicherheits- und Außenpolitik; immer mehr werden wirtschaftliche, politische und gesellschaftliche Herausforderungen der Globalisierung thematisiert.

WTO (World Trade Organization):
Welthandelsorganisation, in der Uruguay-Runde des GATT beschlossen und zum 1.1.1995 errichtet; Ziel: Verbesserung der wirtschaftlichen Lage der beteiligten Länder durch Schaffung der Rahmenbedingungen für einen fairen, liberalen Welthandel.

OECD (Organization for Economic Cooperation and Development):
Organisation für wirtschaftliche Zusammenarbeit und Entwicklung, Zusammenschluss von gegenwärtig 29 Industriestaaten und teilindustrialisierten Ländern zur Verbesserung und Koordination der wirtschaftlichen Zusammenarbeit und zur Unterstützung der Ent-wicklungsländer.

AKP-Staaten:
Entwicklungsländer aus dem afrikanischen, karibischen und pazifischen Raum, die mit der EU durch das Lomé-Abkommen verbunden sind; sie erhalten einen Präferenzzugang zum EU-Markt sowie technische und finanzielle Hilfe.

Weltbank:
1944 gegründete Sonderorganisation der UNO; Hauptaufgabenfeld: Förderung der wirtschaftlichen Entwicklung der Mitgliedsländer, Finanzierung von Projekten in Entwicklungsländern.

Marktwirtschaft:
Wirtschaftsordnung, in der Art und Umfang der Güterproduktion und die Verteilung der Güter direkt über den Markt und den Wettbewerb gesteuert werden; Kennzeichen: Privatbesitz, Preisbildung durch Angebot und Nachfrage, freier Wettbewerb, unabhängige Produktionsplanung.

Zentralverwaltungswirtschaft (Planwirtschaft):
Wirtschaftsform in den ehemals kommunistischen Ländern; eine staatliche Planungsbehörde organisiert, lenkt und verwaltet das gesamte wirtschaftliche Geschehen von den Investitionen über die Produktion, Vermarktung bis hin zu den Löhnen.

Transformation:
Übergang von der Zentralverwaltungs- zur Marktwirtschaft bzw. Abkehr von den kommunistisch-sozialistischen Gesellschaftsidealen und die Hinwendung zu mehr Demokratie in den Ländern des ehemaligen Ostblocks.

Global Governance:
Konzept, das den Prozess der Globalisierung der Wirtschaft so gestalten soll, dass Risiken minimiert und Chancen für Individuen und Gesellschaft optimiert werden; allgemein: den Prozess der Globalisierung politisch gestalten.

Sonderwirtschaftszone:
Abgegrenztes Territorium mit rechtlichem Sonderstatus (besonderes Wirtschafts- und Steuerrecht); sie bieten Anreize für ausländische Unternehmen mit exportorientierter Produktion; Ziel der Einrichtung einer solchen Zone ist die Steigerung von in- und ausländischen Investitionen.

Rentenkapitalismus:
Wirtschaftssystem, das besonders im Orient verbreitet ist; die Eigentümer der Produktionsmittel, meist Großgrundbesitzer, die aber in Städten leben, schöpfen die Ertragsanteile (Renten) aus der Landwirtschaft ab, ohne die Gewinne zur Erhöhung oder Erhaltung der Produktion zu reinvestieren.

...N RÄUMEN
...ierungsprozess

Indikatoren

HDI (Human Development Index):
Seit 1990 von den UN benutzter Index zur Angabe des Entwicklungsstandes eines Landes nach wirt-schaftlichen und sozialen Kriterien; der HDI setzt sich zusammen aus der Lebenserwartung, dem Alphabetisierungsgrad und der realen Kaufkraft pro Kopf.

ADI (Ausländische Direktinvestition):
Kapitalanlage im Ausland durch Erwerb von Eigentumsrechten, z. B. an Immobilien, Niederlassungen, Geschäftsanteilen, Unternehmen.

Handelsbilanz:
Aufrechnung des Exports gegen den Import eines Landes in einem Jahr; aktive Handelsbilanz: Wert der Exporte übersteigt den der Importe, passive (negative) Handelsbilanz: Wert der Importe übersteigt den der Exporte.

BIP (Bruttoinlandsprodukt):
Gesamtwert aller produzierten Güter (Waren und Dienstleistungen) innerhalb eines Landes (Gebietes) während eines Zeitraumes (meist eines Jahres), einschließlich der von Ausländern erbrachten Leistungen (Inlandskonzept).

Bruttosozialprodukt (BSP), auch Bruttonationaleinkommen (BNE):
Gesamtwert aller produzierten Güter (Waren und Dienstleistungen) innerhalb eines Landes (Gebietes) während eines Zeitraumes (meist eines Jahres), einschließlich der aus dem Ausland bezogenen Einkommen, aber ohne die Einkommen, die an Ausländer gehen (Inländerkonzept).

KKP (Kaufkraftparität), auch KKS (Kaufkraftstandards) oder ppp (purchasing power parity in US-Dollar):
Internationale Kaufkraft eines Landes; gibt an, wie viele Einheiten der jeweiligen Währung erforderlich sind, um den gleichen repräsentativen Waren- und Dienstleistungskorb zu kaufen, den man für 1 US-$ in den USA erwerben könnte.

Entwicklungstheorien, Entwicklungsstrategien, Entwicklungszusammenarbeit

Entwicklungszusammenarbeit:
Im amtlichen Sprachgebrauch verwendeter Begriff für „Entwicklungshilfe".

Dependenztheorie:
Theorie, die die Unterentwicklung im Wesentlichen auf äußere Faktoren zurückführt, z. B. durch die Ausbeutung während des Kolonialismus oder infolge der von den Industrieländern beherrschten und zu ihren Gunsten wirkenden Struktur der Weltwirtschaft.

Modernisierungstheorie:
Theorie, die die Unterentwicklung eines Landes in endogenen Ursachen (z. B. traditionsverhafteten Gesellschaftsstrukturen) sucht und Entwicklung als Modernisierung im Sinne eines Nachahmens der Industrieländer sieht.

Grundbedürfnisstrategie:
Entwicklungsstrategie, die insbesondere auf die Befriedigung elementarer Grundbedürfnisse abzielt.

Autozentrierte Entwicklung:
Entwicklungsstrategie, die eine Integration in den Weltmarkt möglichst vermeiden will und stattdessen auf die Nutzung der eigenen Ressourcen und Potenziale setzt.

Abkoppelung (Dissoziation):
Entwicklungstheoretisches Modell, das eine Herauslösung der Entwicklungsländer aus dem Weltmarkt fordert; Ziel der Abkoppelung ist es, eine eigenständige Wirtschaft und Gesellschaft aufzubauen, gestützt auf das eigene Potenzial und ausgerichtet auf die eigenen Bedürfnisse.

Sickereffekt (Trickle-Down-Effekt):
Die in der Entwicklungspolitik erhoffte Wirkung, dass einmal vorgenommene Investitionen sich auf andere Zweige auswirken und schließlich auch den schwächeren Bevölkerungsgruppen zugutekommen.

Nachhaltige Entwicklung (Sustainable Development):
Entwicklungsstrategie, mit der die Lebenschancen der heutigen Generation verbessert werden sollen, ohne die Chancen künftiger Generationen einzuschränken, z. B. durch einen schonenden und umweltverträglichen Umgang mit den natürlichen Ressourcen.

Empowerment:
Strategien der Entwicklungspolitik, die vor allem benachteiligte Gruppen (Arme, Frauen, Kinder, Behinderte) fördern, um ihnen mehr Teilnahme am Entwicklungsprozess und ein selbstbestimmtes Handeln zu ermöglichen.

Importsubstitution:
Entwicklungsstrategie, die den Import verarbeiteter Erzeugnisse durch heimische Produktion ersetzen will.

Entwicklungspolitik:
Alle Maßnahmen, die darauf abzielen, den wirtschaftlichen und sozialen Fortschritt der Entwicklungsländer zu fördern; Träger der Entwicklungspolitik sind entweder die Entwicklungsländer selbst oder ausländische Regierungen und Organisationen.

Primärer Sektor

Primärer Sektor:
Wirtschaftssektor, der die Bereiche Agrarwirtschaft, Forstwirtschaft, Fischerei, Bergbau und Energieerzeugung umfasst. Letztere werden in der neueren Statistik zumeist dem Produzierenden Gewerbe zugerechnet.

Agrarwirtschaft:
Größter Teil des primären Wirtschaftssektors; umfasst neben der Landwirtschaft auch Forstwirtschaft und Fischerei.

Landwirtschaft:
Sammelbegriff für Ackerbau, Viehwirtschaft, Gartenbau, Sonderkulturen und Strauchkulturen.

Ackerbau:
Pflanzenproduktion durch Bearbeitung des Bodens mit dem Pflug, der Hacke oder dem Pflanzstock.

Agrobusiness (Agribusiness):
Bezeichnung für eine agrarindustrielle Produktionsform, die neben der Landwirtschaft alle mit ihr verbundenen Wirtschaftsbereiche zusammenfasst; häufig gebraucht im Sinne von „industrialisierter Landwirtschaft".

Food Crops:
Agrarische Produkte, die primär für den Eigenbedarf angebaut werden.

Cash Crops:
Agrarische Produkte, die für den Verkauf bestimmt sind und nicht der Selbstversorgung dienen (z. B. Kaffee, Baumwolle).

Subsistenzwirtschaft:
Selbstversorgungswirtschaft auf agrarischer Basis ohne Teilnahme am Marktgeschehen und mit nur geringem Tauschhandel; in den Entwicklungsländern teilweise noch weit verbreitet.

Plantagenwirtschaft / Plantage:
Landwirtschaftlicher Großbetrieb in den Tropen und Subtropen, der hochwertige Nutzpflanzen wie Tee, Kaffee, Kautschuk, Bananen oder Zucker für den Weltmarkt anbaut; bis ins 19. Jahrhundert die charakteristische Betriebsform im Süden der USA.

Feedlot:
Großer Viehwirtschaftsbetrieb, vornehmlich im Süden und Westen der USA; das Vieh wird dabei in großen Freiställen gehalten.

Shifting Cultivation (Wanderfeldbau):
Sammelbezeichnung für Formen des Ackerbaus vor allem in den Tropen, bei dem die Anbauflächen und z. T. auch die Siedlungen nach Erschöpfen der Bodenfruchtbarkeit in einem gewissen zeitlichen Rhythmus verlegt werden.

Sonderkultur (Spezialkultur):
Ein- oder mehrjährige landwirtschaftliche Dauerkultur mit hohem Spezialisierungsgrad und hohem Arbeits- und Kapitalaufwand, z. B. Wein, Tabak, Spargel, Hopfen.

Bewässerungsverfahren:
Art und Weise, wie dem Bewässerungs-feldbau Wasser zugeleitet wird; man unterscheidet im Wesentlichen die Schwerkraft- bzw. Oberflächenbewässerung, die Beregnungsbewässerung und die Tröpfchenbewässerung.

Regenfeldbau:
Ackerbau, bei dem der Wasserbedarf der Nutzpflanzen ausschließlich durch Niederschläge gedeckt wird.

Bewässerungsfeldbau:
Intensive Form der landwirtschaftlichen Bodennutzung, bei der den Nutzpflanzen wegen unzureichender Niederschläge während der Wachstums- und Reifezeit Wasser durch verschiedene technische Systeme zugeführt wird.

Fruchtwechselwirtschaft:
Anbausystem, bei dem in regelmäßigem Wechsel bestimmte Kulturpflanzen angebaut werden. Ziel: langfristiger Erhalt der Ertragsfähigkeit des Bodens.

Nomadismus:
Wirtschafts- und Gesellschaftsform, die auf Wanderviehwirtschaft beruht; Vollnomadismus: saisonal-zyklisches Wandern ganzer Stämme und Familien entsprechend dem Futterangebot für die Herden; Halbnomadismus: Wandern meist nur der Männer mit den Herden und Zurückbleiben der Frauen am stationären Wohnplatz.

Wirtschaft im Wandel

Standortfaktoren:
Örtliche Kostenvorteile bzw. Gunstfaktoren, die ein Unternehmen dazu veranlassen, einen ganz bestimmten Ansiedlungsstandort zu wählen; z. B. Rohstoffe, gute Verkehrslage, Nähe zum Absatzmarkt.

Outsourcing:
Auslagerung von Teilen der Produktion oder von bisher im Betrieb erbrachten Dienstleistungen, Übertragung dieser Produktionsstufen an andere Unternehmen.

Tertiärisierung:
Veränderung von Arbeitsplätzen des sekundären Sektors durch wachsende Dienstleistungsaufgaben; allgemein Zunahme der Beschäftigtenanteile im Dienstleistungsbereich zu Lasten des primären und sekundären Sektors.

Produktionsfaktor:
Elementare Grundlage für die Güterproduktion, z. B. in der Industrie; die klassischen Produktionsfaktoren sind Boden, Arbeit und Kapital; im weiteren Sinne zählen alle Mittel dazu, die maßgeblich für die Produktion sind, z. B. Wissen, Erfindergeist, Unternehmerleistung.

Fühlungsvorteil:
Standortvorteil, durch rasche / enge Kontakte zu Zulieferern und Abnehmern, zu Behörden, Dienstleistungsunternehmen und zu Betrieben der gleichen Branche.

Kondratieff:
Kurzform für die nach dem russischen Wirtschaftswissenschaftler Nikolai Kondratieff benannten wirtschaftlichen Zyklen, die durch bahnbrechende Innovationen ausgelöst wurden, z. B. die Industrielle Revolution durch die Erfindung und den Einsatz der Dampfmaschine oder das „Informationszeitalter" durch die Erfindung des digitalen Computers.

Virtuelles Unternehmen:
Zusammenschluss wirtschaftlich selbstständiger Unternehmen mittels moderner Kommunikationssysteme zu einem Produktionsvebund, der gegenüber dem Kunden wie eine reale Fabrik auftritt. Nach Beendigung eines Auftrags kann sich der Verbund wieder auflösen.

Just in time:
Industrielle Produktion mit der Zulieferung von Waren und Halbfertigprodukten erst exakt zum Zeitpunkt des Bedarfs – so entfallen Lagerkosten.

Infrastruktur:
Gesamtheit der Einrichtungen eines Raumes, die die Grundlage für die wirtschaftlichen Tätigkeiten in diesem Raum darstellen, z. B. Verkehrseinrichtungen, Einrichtungen des Bildungswesens, Ver- und Entsorgungseinrichtungen.

SWOT-Analyse (Stärken-Schwächen-Analyse):
Von engl. S: Strengths = Stärken, W: Weaknesses = Schwächen, O: Opportunities = Chancen, T: Threats = Risiken; ursprünglich Instrument des strategischen Managements; Methode zur Untersuchung von Sachverhalten und Prozessen mit dem Ziel der Analyse des Ist-Zustandes und seiner Weiterentwicklung einschl. Lösungsmöglichkeiten.

Inkohlung:
Prozess der Entstehung von Braun- und Steinkohle aus pflanzlicher Substanz durch Druck und hohe Temperaturen.

Ölsande:
Mischungen aus Ton, Silikaten, Wasser und Kohlenwasserstoffen (bis ca. 20 %), die heute bevorzugt im Tagebau ausgebeutet werden; der Abbau wird bei steigenden Erdölpreisen immer rentabler.

Seltene Erden:
Insgesamt 17 chemische Elemente der dritten Nebengruppe des Periodensystems (ohne Actinium); beinhalten die 14 Lanthanoide; zumeist nur in kleinen Mengen verstreut sowie als Beimischungen in anderen Mineralien vorkommend; bedeutsam und begehrt wegen ihrer Verwendung in Schlüsseltechnologien.

Ressourcenfluch:
Negative Folgen, die der Reichtum an Ressourcen für ein Land und seine Bevölkerung haben kann; paradox dabei ist, dass das Wirtschaftswachstum in Ländern, die viele mineralische und fossile Rohstoffe exportieren, i. d. R. geringer ist als in rohstoffarmen Ländern. Ursachen sind neben dem Fehlverhalten der Marktteilnehmer die einseitige Reduzierung der Wirtschaft auf lokale Rohstoffgewinnung sowie in vielen Ländern hohe Korruption und politische Konflikte.

Peak oil:
Höchstrate (Produktionsmenge pro Zeiteinheit) der weltweiten Produktion von Rohöl und dem Rohöl in physikalischen Eigenschaften und Anwendungsbereichen vergleichbaren Flüssigkeiten. Dabei liegt die Annahme zugrunde, dass die Ölförderung und -produktion bereits lange vor der endgültigen Erschöpfung der Ölreserven aufgrund von mehreren Faktoren ein historisches Maximum erreichen wird und die Produktion danach irreversibel abfällt.

ND NACHHALTIGE
NG

Wasserverbrauch und Wasserkrise

Wasserpotenzial:
Maß für die Verfügbarkeit von Wasser im Boden.

Grundwasser:
Unterirdisches Wasser, das die Hohlräume der Erdkruste zusammenhängend ausfüllt; der Gesteinskörper, in dem sich das Grundwasser befindet und fließt, wird als Grundwasserleiter bzw. Aquifer bezeichnet.

Aquifer:
Eine poröse oder mit Klüften durchsetzte Gesteinsschicht, in der Grundwasser fließen kann.

Wassermangel:
Unter 1000 m³ pro Kopf und Jahr liegendes verfügbares, erneuerbares Süßwasserangebot (darin sind alle Nutzungen enthalten).

Virtuelles Wasser:
Vom englischen Geographen J. H. Allan in den 1990er-Jahren entwickelter Begriff, der die Wassermenge erfasst, die während der gesamten Produktionskette eines bestimmten Produkts verdunstet, verbraucht oder verschmutzt wird.

Wasserknappheit:
Verfügbares, erneuerbares Süßwasserangebot zwischen 1000 und 1700 m³ pro Kopf und Jahr (darin sind alle Nutzungen enthalten).

Watershed-Ansatz:
Regelung der Verteilung und Nutzung von Wasser auf der Grundlage natürlicher Flusssysteme und nicht aufgrund politischer Grenzen.

Energie

Energie:
Physikalische Zustandsgröße; tritt in verschiedenen Formen auf: mechanische Energie (z. B. kinetische und potenzielle Energie.), chemische Energie, thermische Energie, Strahlungsenergie, Kernenergie, elektrische Energie.

Primärenergie:
Energie, die mit den natürlich vorkommenden Energieformen und Energieträgern zur Verfügung steht.

Sekundärenergie:
Ist die nach Umwandlung der Primärenergieträger verbleibende Energieform.

Energieträger:
Alle Rohstoffe, die in Energie umgewandelt werden können; dabei unterscheidet man fossile, nicht erneuerbare Energieträger (z. B. Kohle, Erdöl, Erdgas), Kernenergieträger (z. B. Uran) und regenerative / erneuerbare Energieträger (z. B. Erdwärme, Biomasse, Sonnenenergie, Wasser, Wind).

Wirkungsgrad:
Allgemein das Verhältnis von Nutzen und Aufwand; bei Energieumwandlungen wird er als Quotient aus der Nutzenergie und der vorher eingesetzten Primärenergie berechnet.

Emissionshandel:
Ökonomisches Instrument des Umweltschutzes zur Verringerung des Ausstoßes von klimaschädlichen Treibhausgasen; dieser wird bei den Emittenden an den kostenpflichtigen Besitz von Emissions(mengen)rechten geknüpft; nicht ausgeschöpfte Emissionsrechte können auf dem Markt veräußert werden, zusätzliche müssen erworben werden; für die Unternehmen entsteht also über die Betriebskosten ein Anreiz zur Einschränkung ihrer Emissionen.

Energiemix:
Verbindung konventioneller und regenerativer Energieträger; Ziel ist die Verringerung der Abhängigkeit von einem Energieträger und die Steigerung des Anteils der erneuerbaren Energieträger.

5.1

Städtische Strukturen und Prozesse

Stadtbegriff:
Definitorische Abgrenzung von Stadt durch verschiedene Wissenschaftsdisziplinen wie Geschichte, Rechtwissenschaft, Soziologie, Geographie und Statistik.

Kernstadt:
Innerhalb einer städtischen Agglomeration die zentrale Stadt in ihren Verwaltungsgrenzen.

CBD (Central Business District):
Zentraler Geschäftsbereich der anglo-amerikanischen Stadt mit einer Ballung von Einrichtungen des tertiären Sektors, vor allem von Büros, Versicherungen, Banken, Hotels und weiteren Dienstleistungseinrichtungen.

Downtown:
Umgangssprachliche Bezeichnung für den CBD, also die Innenstadt oder City einer angloamerikanischen Stadt mit geringer Wohndichte und hoher Arbeitsplatzkonzentration im tertiären Sektor.

City:
Zentraler Raum von größeren Städten mit höchster baulicher Verdichtung und starker Konzentration von Einrichtungen des Einzelhandels- und Dienstleistungsbereichs.

Viertelbildung:
Entstehung verschiedener Stadtviertel durch den Prozess der inneren Differenzierung (z. B. Geschäfts-, Banken-, Wohnviertel) oder durch Segregation.

Segregation:
Prozess der räumlichen Trennung und Abgrenzung unterschiedlicher gesellschaftlicher Gruppen, Ethnien, Religionsgemeinschaften usw.; innerhalb einer Stadt kann dies zu einer Fragmentierung führen, d. h. zu deren Auflösen in sozial stark gegensätzliche Viertel.

Gated community:
Umzäunte, meist elektronisch gesicherte Wohnanlage von sozial homogenen, in der Regel privilegierten Bevölkerungsgruppen, die sich im Lebensstil von sozial unterlegenen Schichten abgrenzen und vor kriminellen Übergriffen schützen wollen.

Ghetto (oder Getto):
Wohnviertel von ethnischen und / oder sozioökonomischen Minderheiten; ursprünglich ein Ausdruck für Judenviertel in orientalischen, später auch europäischen Städten.

Suburbanisierung:
Flächenhaftes Wachstum der Stadt an ihrem Rand, bedingt durch Abwanderung von Wohnbevölkerung, Gewerbe und Dienstleistungsbetrieben aus dem inneren Stadtgebiet.

Verstädterung und Urbanisierung

Verstädterung:
1. Wachstum der Städte eines Landes hinsichtlich ihrer Einwohnerzahl und / oder Fläche; 2. Vermehrung der städtischen Siedlungen eines Landes; 3. Wachsen des Anteils der in Städten lebenden Menschen an der Gesamtbevölkerung eines Landes.

Urbanisierung:
Häufig synonym verwendeter Begriff zu Verstädterung; i. e. S. die Ausbreitung städtischer Lebens- und Bauformen in ehemals ländliche Gebiete.

Global City:
Weltstadt mit besonders starker Integration in die Weltwirtschaft; gekennzeichnet durch hohe Einwohnerzahl, Funktion als internationales Finanzzentrum, Standort von Hauptquartieren multinationaler Konzerne, Sitz großer internationaler Unternehmen, Knotenpunkt internationaler Transportnetze.

Metropole:
Hauptstadt eines Landes oder Millionenstadt mit herausragenden politischen, wirtschaftlichen, kulturellen und gesellschaftlichen Funktionen.

Megacity:
Von der UN geprägte Bezeichnung für urbane Räume mit mehr als zehn Millionen Einwohnern. Neben der Einwohnerzahl spielen auch die Bedeutung der Stadt im Raum, ihr weltweiter Einfluss und ihre Wirtschaftskraft eine Rolle.

Kernstadt:
Innerhalb einer städtischen Agglomeration die zentrale Stadt in ihren Verwaltungsgrenzen.

Shrinking City:
Schrumpfende Stadt als Ergebnis einer Krise oder eines Wandels in der lokalen bzw. regionalen Wirtschaftsstruktur; gekennzeichnet durch Arbeitsplatzverluste, Abwanderung, Verfall städtischer Infrastruktur.

Megalopolis:
Aus mehreren Großstädten zusammengewachsene Riesenstadt mit hoher Bevölkerungsdichte; ausgeprägt als weitgehend zusammenhängend bebaute Stadtlandschaft mit zwischengelagerten Metropolen.

Primatstadt:
Großstadt, die hinsichtlich ihrer Einwohnerzahl und Bedeutung alle anderen Städte eines Landes deutlich übertrifft.

Verstädterte Zone:
Die an das Kerngebiet anschließende Zone einer Stadtregion. Sie ist mit der Kernstadt verflochten und durch eine aufgelockerte Bebauung geprägt.

Verstädterungsgrad:
Anteil der Stadtbevölkerung an der Gesamtbevölkerung eines Gebietes, einer Region oder eines Staates in Prozent.

Verstädterungsrate:
Veränderung des Anteils der städtischen Bevölkerung bzw. des Verstädterungsgrades für einen bestimmten Zeitraum, i. d. R. angegeben in Prozent gegenüber dem Vorjahr.

SIEDLUNG UND RAU

Charta von Athen:
Manifest mit einem programmatischen Katalog von 95 Leitsätzen zum Städtebau, das 1933 auf einem internationalen Städtebaukongress in der Nähe von Athen entwickelt und 1941 von dem Architekten Le Corbusier veröffentlicht wurde.

Gartenstadt:
Auf den Briten Ebenezer Howard zurückgehende Planung von Satellitenstädten im Grünen mit lockerer Bebauung und starker Durchgrünung als Reaktion auf die rasch wachsenden Industriestädte.

Daseinsgrundfunktion:
Grundlegende raumwirksame Aktivitäten des Menschen (arbeiten, wohnen, sich versorgen, sich bilden, sich erholen, am Verkehr teilnehmen bzw. kommunizieren, in Gemeinschaft leben), die von der Raumplanung berücksichtigt werden müssen.